자연 속의 과학세상

강영욱 · 임대근 · 류현아

빛을여는책방

머리말

자연 속에 살아가는 우리들은 자연의 오묘한 현상과 형태에 신비함을 느끼다 못해 경이로움을 느끼게 된다. 또한 아침에 눈을 뜨면 내 주위에 일어나는 일들 하나에서 열까지 모두가 어떤 규칙과 약속 속에서 일어남을 안다. 이러한 오묘한 현상과 규칙 그리고 약속 속에 살아가는 우리들이 이러한 모든 것에 그저 순응하며 살아가기 보다는 그 속에 잠재되어 있는 사실들을 좀 더 안다면 우리들의 삶의 질이 보다 더 향상되지 않을까? 라는 관점에서 이 책을 편찬하게 되었다.

이 책에서 다루고 있는 것은 새로운 규칙과 법칙을 소개하는 내용이 아니라 그동안 알려져 있는 사실들을 모아 소개함으로 대학생들의 교양을 함양하는 데 조금이라도 도움을 주고자 한다. 좀 더 기대한다면 위대한 법칙과 연구 결과들도 작은 관찰과 생각에서부터 아이디어를 얻어 발견된다는 사실을 깨달았으면 한다.

이 책에서는 자연과 일상에서 일어나는 현상의 규칙과 법칙을 모두 다룰 수 없어 대표적이며 일반적인 것들만 다루고자 한다. 다루는 주제들에 따라 친근한 것도 있을 것이며 상대적으로 생소한 것도 있을 것이다. 그러나 전반적으로 상식과 교양의 함양에 도움이 되도록 주제를 정하고 설명하려고 노력하였다. 그래서 미흡하지만 학생들이 어떤 전공을 공부하고 있든 관계없이 쉽게 접근하여 다양한 상식을 얻는 데 도움이 되는 책이 되기를 기대한다.

몇 년에 걸친 집필 작업에 매달리면서 평소에 지녔던 생각을 이 책자를 통하여 실현해 보고자 노력하였다. 그러나 집필자의 능력 부족으로 처음에 가졌던 뜻을 다 이루지 못한 것이 아쉽다.

앞으로 독자 여러분들의 제언과 충고에 귀 기울여 더 좋은 책으로 만들어 가려고 한다. 독자들의 애정 어린 충고를 기다린다.

마지막으로 이 책을 감수해 주신 분들과 이 책이 나오기까지 여러 가지로 도움을 준 분들께 깊이 감사를 드린다.

2014년 삼월에

지은이 씀

차 례

그림 목차

표 목차

제 1 장

신이 내려준 비율

제1장

신이 내려준 비율

1. 황금비율

어린 아기가 무서운 인상을 가진 어른에게는 울음을 터뜨리지만 아름다운 미인에게는 웃는 것을 종종 목격한다. 그리고 미인 경연대회에서 선발되는 미인들의 아름다움에 전 세계 사람들이 어느 정도 공감한다. 이처럼 인종과 남녀노소 구별 없이 아름다운 것에 대하여 정도의 차이는 있어도 느끼는 정도는 비슷하다. 누가 설명하지 않아도 공통적으로 느끼는 아름다움에 필요한 규칙을 만들기 위한 노력이 인류가 생긴 이래 계속되어 왔다.

이러한 노력의 처음 결실은 만물의 근원을 수(數)로 보고, 수학적 법칙에 따라 세상을 표현하고자 했던 그리스의 수학자 피타고라스(BC 582?~497?)에 의하여 이루어졌다. 그 후 그리스의 수학자 유클리드(BC 330?~275?)에 의해 이론적으로 구체화되어 세상에 널리 알려지게 되었다.

피타고라스는 정오각형에서 조화롭고 아름다움을 느끼게 하는 비율을 발견하였는데, 이 후 중세 유럽의 르네상스 회화 화가들이 가장 조화로운 비(比)로 이 비율을 가로와 세로의 비로 잡았다. 그리고 당시 최고의 물건과 색을 '황금'이라고 한데서 이 비율은 황금비(Golden Ratio)로 불리게 되었으며, 르네상스의 볼로냐의 수도승(修道僧) 루카 파치올리(Luca Pacioli)가 신이 내려준 비율 '신성비례(神聖比例)'라고 할 정도로 중요하게 여겼다. 세계적인 문호인 단테는 "황금비는 신이 내린 최고의 걸작품이다!"라고 황금비를 격찬하였다.

피타고라스는 정오각형의 각 꼭짓점을 대각선으로 연결하면 내부에 별 모양이 생기며, 이 별 내부에 또 다른 정오각형이 만들어 지는데, 이때 정오각형 내부의 대각선이 교차하는 각 대각선을 약 5 : 8 = 1 : 1.6의 비율로 분할하는 것을 발견하였다. 이때 "정오각형의 같은 꼭짓점을 지나지 않는 2개의 대각선은 서로 다른 쪽을 같은 비율로 분할한다."고 한다. 그래서 이 정오각형을 신성시하였고 그들의 휘장인 펜타그램(Pentagram)으로 삼았다.

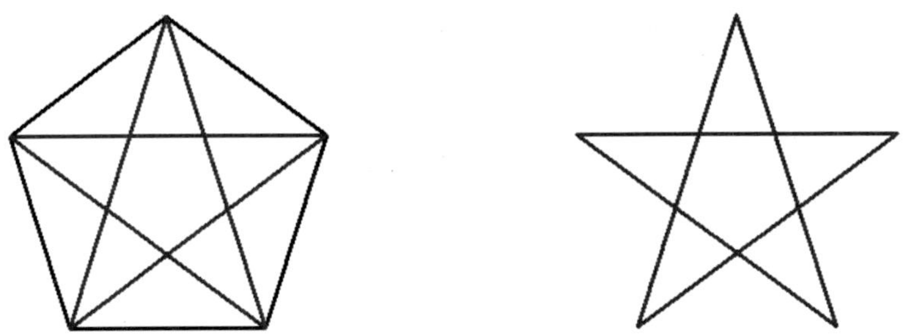

그림 1-1 정오각형과 펜타그램

피타고라스가 제시한 정오각형에서 변의 길이와 대각선의 길이의 비를 계산하면 다음과 같다.

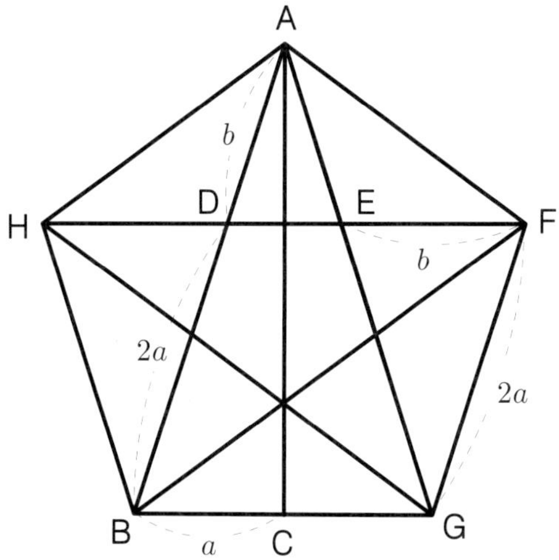

$\overline{AH}$의 길이 $= 2a$

$= \overline{HE}$의 길이

그림 1-2 정오각형 내의 선분

한 변의 길이가 $2a$인 정오각형 AHBGF에서 $\triangle ABC$와 $\triangle ADE$는 닮은꼴이다. 닮음의 비를 이용하여 $\overline{AD}$의 길이를 구한다. $\square DBGF$가 평행사변형임은 쉽게 알 수 있다. 그래서 $\overline{BD}$의 길이는 $2a$이다. $\overline{AB}$와 $\overline{HF}$의 길이가 같고, $\overline{HD}$와 $\overline{EF}$의 길이가 같음으로 $\overline{DE}$의 길이는 $\dfrac{(2a+b)-2b}{2} = \dfrac{2a-b}{2}$이다. $\triangle ABC$와 $\triangle ADE$는 닮은꼴에서 닮음의 비는 $(2a+b) : b = a : \dfrac{2a-b}{2}$가 된다. 이것을 b의 값을 a로 나타내어 보자. $(2a+b) : b = a : \dfrac{2a-b}{2}$에서 $ab = (2a+b) \times \dfrac{2a-b}{2}$를 얻는다. 이것을 풀면 아래와 같다.

$2ab = (2a+b)(2a-b) \Rightarrow 2ab = 4a^2 - b^2 \Rightarrow b^2 + 2ab - 4a^2 = 0$을 얻는다. 이차방정식의 근의 공식을 이용하여 $b = -a + \sqrt{a^2 + 4a^2} = -a + \sqrt{5}a = (-1 + \sqrt{5})a$를 얻는다. 그러면 $\overline{AB}$의 길이는 $\overline{BD}$와 $\overline{DA}$의 길이의 합 $2a+b$이므로 $(1 + \sqrt{5})a$가 된다. 그러므로 대각선 $\overline{AB}$와 변 $\overline{FG}$의 길이

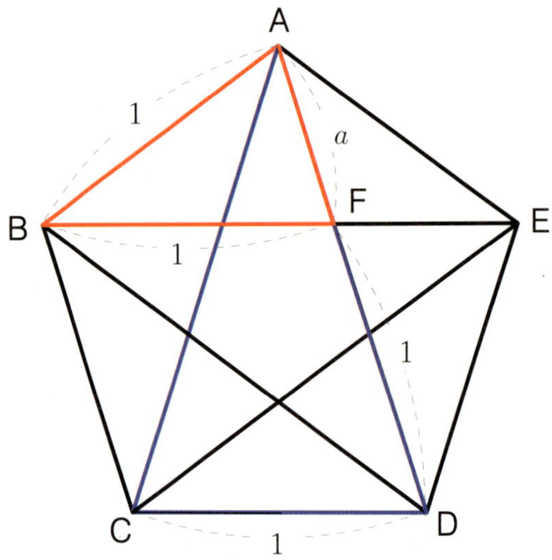

그림 1-3 정오각형 선분 비

의 비가 $\frac{1+\sqrt{5}}{2}$: 1이다.

위의 비율을 구하는 다른 방법을 소개한다.

그림 1-3에서 $\triangle$ABF와 $\triangle$ACD는 닮은 이등변 삼각형이다. $\overline{AB}=1$, $\overline{AF}=a$라 두자. 그러면

$\overline{AB}=\overline{BF}=\overline{DF}=\overline{CD}=1$이 된다. 두 삼각형이 닮은꼴이므로 대응하는 변들의 비는 같다.

즉 $\overline{AB}:\overline{AD}=\overline{AF}:\overline{CD}$이다. $1:(a+1)=a:1$이다. 이를 풀면

$a^2+a-1=0$이다. 즉, $a=\frac{-1\pm\sqrt{5}}{2}$이다. $a>0$이므로

$a=\frac{-1+\sqrt{5}}{2}$이다. 그러므로 $\overline{AD}:\overline{AB}=\frac{1+\sqrt{5}}{2}:1$가 된다.

참고 이차방정식 $ax^2+bx+c=0$의 근의 공식은 다음과 같다.

$$x=\frac{-b\pm\sqrt{b^2-4ac}}{2a}$$

유클리드는 이 비를 **외중비**(外中比)로 다음과 같이 정의하였다. 이 외중비를 나중에 황금비라고 불렀다.

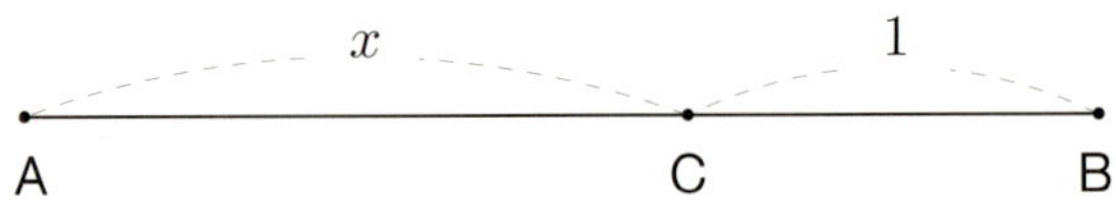

그림 1-4 외중비

$\frac{\overline{AB}\text{의 길이}}{\overline{AC}\text{의 길이}} = \frac{\overline{AC}\text{의 길이}}{\overline{CB}\text{의 길이}}$ 인 점 C를 잡으면 이 비가 **황금비율**이다. 이 것을 그림에 따라 계산하면

$$\frac{x+1}{x} = \frac{x}{1} \Rightarrow (x+1) \times 1 = x \times x \Rightarrow x^2 - x - 1 = 0$$

에서 이차방정식 $x^2 - x - 1 = 0$을 풀면 $x = \frac{1+\sqrt{5}}{2} (\geq 0)$이 된다.

비 $\frac{1+\sqrt{5}}{2}$를 계산하면 1.618033989…이 되고 일반적으로 1.618을 황금비라고 한다. 선분에서 황금비를 이루는 점을 작도해 보자.

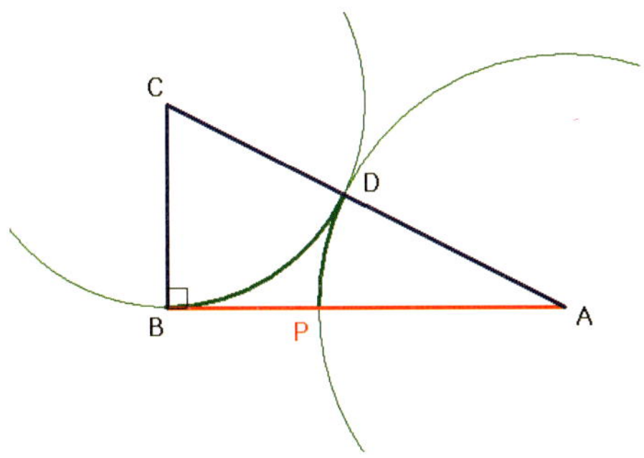

그림 1-5 황금비 작도

주어진 선분 $\overline{AB}$에 수직으로 길이가 $\overline{AB}$의 $\frac{1}{2}$이 되게 선분 $\overline{BC}$를 긋고 점 C를 중심으로 반지름이 $\overline{BC}$의 길이가 되게 원을 그려 선분 $\overline{AC}$와 만나는 점을 D라고 하자. 점 A를 중심으로 반지름이 $\overline{AD}$의 길이가 되는 원을 그려 선분 $\overline{AB}$와 만나는 점을 P라고 하면 $\frac{\overline{AP}\text{의 길이}}{\overline{BP}\text{의 길이}}$가 황금비가 된다.(그림 1-5 참조)

20세기에 들어와 황금비를 파르테논 신전 건축의 책임자이며 제우스상

을 조각하였던 고대 그리스의 조각가인 피디아스(Phidias)의 머리글자를 따서 그리스어로 ϕ라 하였다. 이 비의 수학적 요소를 살펴보자.

$$\phi=\sqrt{1+\phi}=\sqrt{1+\sqrt{1+\sqrt{1+\sqrt{1+\cdots}}}}$$

또는

$$\phi^2=\phi+1 \Rightarrow \phi=1+\frac{1}{\phi} \Rightarrow \phi=1+\cfrac{1}{1+\cfrac{1}{1+\cfrac{1}{1+\cfrac{1}{1+\cdots}}}}$$

로 나타낸다.

황금비로 분할되는 또 다른 경우를 소개한다.

□ABCD에서 $\triangle ABP$, $\triangle ADQ$, $\triangle PQC$가 넓이가 같게 되도록 점 P, Q를 정한다. 그러면 점 P와 점 Q는 각 선분 $\overline{BC}$와 $\overline{DC}$를 황금분할하는 점이 된다.

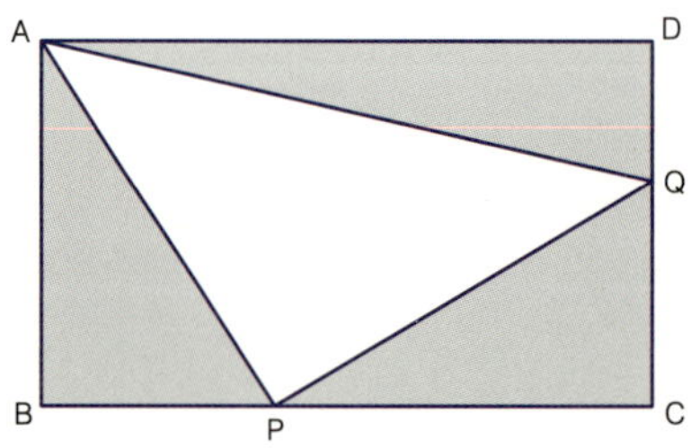

그림 1-6 사각형에서 황금분할 점

황금비는 시각(視覺)에 호소하는 도형이나 입체 등에서 볼 수 있는데, 고대 그리스시대부터 현재에 이르기까지 건축, 회화 등에서 많이 이용되었다. 이에 대한 구체적인 예는 10장과 11장에서 다루기로하고 여기서는 황금비를 적용한 황금직사각형과 인체의 비율에 대하여 알아보자.

2 황금삼각형과 황금직사각형

황금삼각형은 빗변과 밑변의 길이의 비가 $\phi:1$ 즉, $1.618:1$ 인 이등변 삼각형이다. 그림 1-7에서 빨강선의 삼각형이 황금삼각형이다.

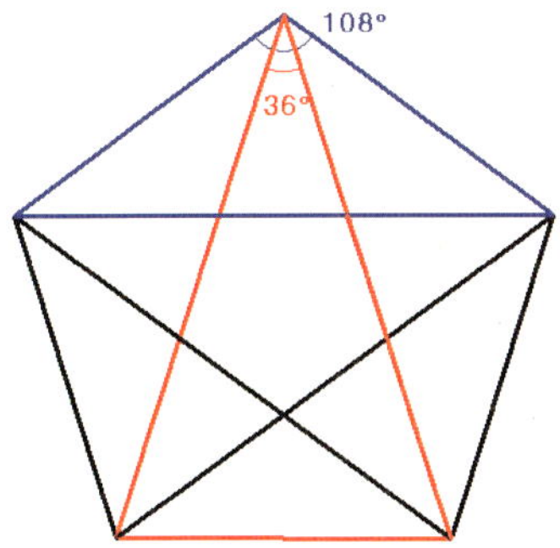

그림 1-7 황금삼각형

꼭짓점이 직사각형 변 위에 있는 황금삼각형을 다음과 같이 그린다.

① 정사각형 ABCD의 한변 AB의 연장선을 긋는다.

② AB의 중점을 M이라 하고, 연장선 위에 MD=ME 가 되는 점 E를 AB의 연장선 위에 찍는다.

③ 중심이 B, C이고 반지름이 BE인 호를 그리고 두 호의 교점을 P라 한다.

④ 삼각형 PBC는 BC : PB = 2 : $1+\sqrt{5}$ 인 이등변삼각형이다. 이 삼각형을 황금삼각형이라고 한다.

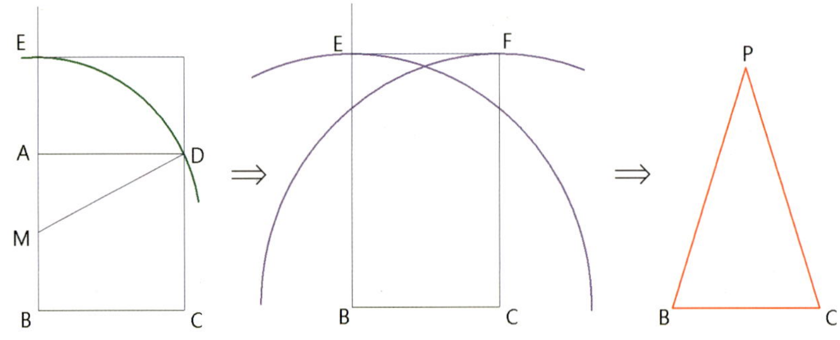

그림 1-8 황금삼각형의 작도

직사각형의 가로와 세로의 비가 황금비 1.618 : 1을 이룰 때, 이를 **황금직사각형**이라고 한다. 이 황금직사각형이 사각형 중에서 가장 조화롭고 안정감을 주는 직사각형이다. 이의 작도는 다음과 같다.

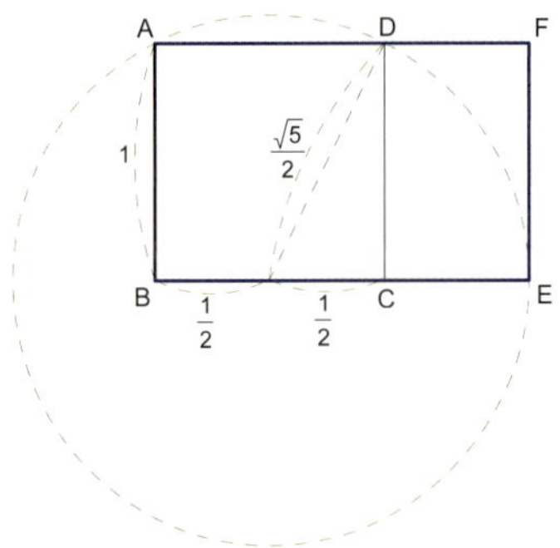

그림 1-9 황금직사각형

작도방법

1. 정사각형 □ABCD를 그린다.
2. 변 $\overline{BC}$의 중점 K를 잡는다.
3. $\overline{KD}$를 반지름으로 하는 원을 그려 $\overline{BC}$의 연장선과 만나는 점 E을 잡는다.
4. 점 E에서 $\overline{BE}$에 수선을 세우고 $\overline{AD}$의 연장선과 만나는 점 F를 잡는다.
5. □ABEF를 그린다.

그러면 □ABEF가 황금사각형이 된다. 이 황금직사각형을 고대 그리스의 건축물인 파르테논 신전, 레오나르도 다 빈치(Leonardo da Vinci)의 모나리자 등에서 찾아볼 수 있다. 오늘날 주민등록증, 신용카드 등도 황금직사각형을 이루고 있다. 뿐만 아니라 일상생활에서 황금직사각형과 유사한 사각형을 사용하는 경우가 있다. 그 중 종이를 예로 들 수 있다. 우리가 복사용지로 자주 쓰고 있는 A4와 B5 용지의 가로와 세로의 비에 대하여 알아보자.

A판과 B판 용지는 확대된 것이나 축소된 것들은 원래의 것과 닮은꼴임을 잘 알고 있다. 주어진 직사각형의 용지를 길이가 긴 쪽의 변을 반으로 잘라 나오는 직사각형(그림 1-10)과 닮은꼴이 되도록 한다면 큰 전지에서 잘라 만드는 용지들의 확대 축소의 경우에도 용지를 불필요하게 잘라내야 하는 낭비를 막을 수 있다. 그래서 이러한 낭비를 줄이기 위하여 독일 규격위원회(Deutsche Industrie Normen)가 용지의 형태를 그림 1-11과 같이 정하였다.

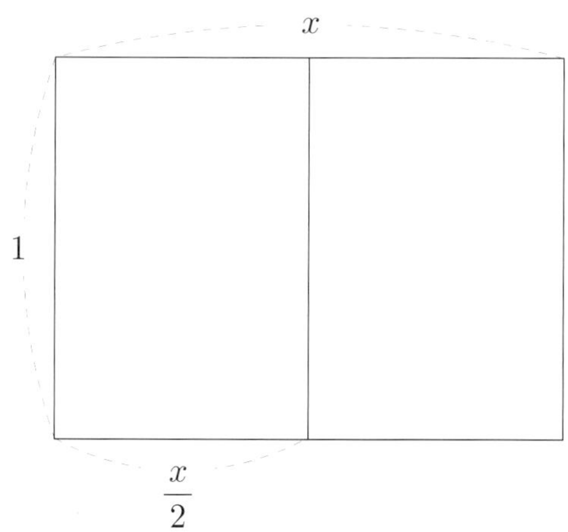

그림 1-10 직사각형의 닮음

겉의 직사각형과 안쪽 직사각형이 닮음 꼴이 되어야함으로 대응하는 변의 비를 구하면 $1:x=\frac{x}{2}:1$이 된다. 이를 계산하면 $1\times1=x\times\frac{x}{2}$가 된다. 따라서 $2=x^2$이 되어 $x=\sqrt{2}$이다. 그래서 주어진 전지의 세로와 가로의 비가 $1:\sqrt{2}$ 즉, 약 1 : 1.414이다.

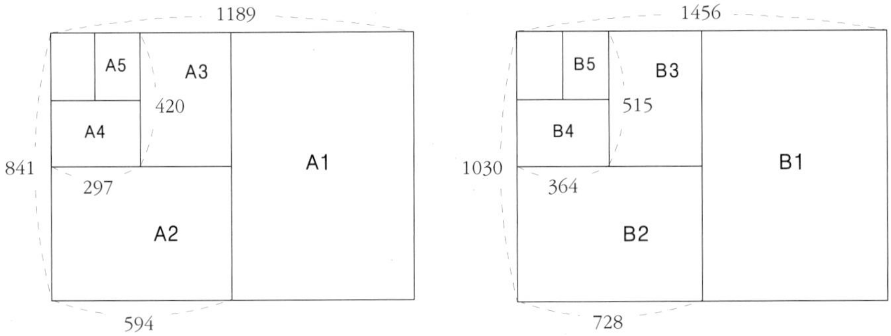

그림 1-11 복사용지

용지 A판은 넓이가 $1m^2$인 전지($841mm\times1189mm$)를 A0로 하여 그것을 반으로 접은 용지를 A1(2절지)이라 하며 또 반으로 접은 것을 A2(4절지), 같은 방법으로 A3(8절지), A4(16절지), … 으로 이루어진다. B판은 같은 방법으로 넓이가 $1.5m^2$인 전지($1030mm\times1456mm$)에서 만들어진다. 넓이의 비는 길이의 비의 제곱이므로 A0와 B0를 비교하면 길이의 비가 $1:\sqrt{1.5}$ 되는 닮음 직사각형이다. 그러므로 같은 판 용지뿐만 아니라 서로 다른 판 용지도 서로 확대, 축소를 할 수 있다. 이 비를 분수로 나타내면 다음과 같다.

$$x=1+\cfrac{1}{2+\cfrac{1}{2+\cfrac{1}{2+\cfrac{1}{2+\cdots}}}}$$

참고 $\sqrt{n}$ 를 연분수로 나타내는 방법을 소개한다.

가우스 기호 $[r]$은 r를 넘지 않는 최대의 정수이다.

$$[\sqrt{n}]=a_1$$
$$\left[\frac{1}{\sqrt{n}-a_1}\right]=a_2$$
$$\left[\frac{1}{\frac{1}{\sqrt{n}-a_1}-a_2}\right]=a_3$$

을 반복하여 $a_1, a_2, a_3, \cdots$를 구한다.

그래서

$$\sqrt{n} = a_1+\cfrac{1}{a_2+\cfrac{1}{a_3+\cfrac{1}{\cdots}}}$$

을 얻는다.

예를 들어 $\sqrt{2}$ 를 연분수로 나타내어 보자.

$$[\sqrt{2}]=1$$
$$\left[\frac{1}{\sqrt{2}-1}\right]=[\sqrt{2}+1]=2$$
$$\left[\frac{1}{\sqrt{2}+1-2}\right]=[\sqrt{2}+1]=2$$

그러면 같은 값 2가 반복되어 나온다.

그래서

$$\sqrt{2}=1+\cfrac{1}{2+\cfrac{1}{2+\cfrac{1}{2+\cdots}}}$$

이다.

3. 황금비의 적용

황금비는 신체, 자연, 건축, 미술, 음악, 문학, 사회 현상 등 많은 분분에서 나타나고 있다. 여기에서는 인체, 동물 및 주가 현상에서 나타나고 있는 황금비를 알아보기로 한다.

1) 인체의 비율

고대 로마의 건축가 비트루비우스(Vitruvius)가 쓴 '건축 10서(De architectura)' 3장 신전 건축 편에서 '인체에 적용되는 비례의 규칙을 신전 건축에 사용해야 한다.'고 하였다. 그는 하나님이 하나님의 형상대로 만드신 인체가 가장 신성한 비율로 만들어진 가장 아름답고 조화로운 피조물이라고 생각하였다. 이에 영향을 받은 레오나르도 다 빈치는 그의 스승인 루카 파치올리(Luca Pacioli)의 저서 "신성한 비율"에 유명한 인체비례도(Canon of Pro portions)를 그리고 삽화의 설명을 다음과 같이 하였다.

"자연이 만들어낸 인체의 중심은 배꼽이다. 등을 대고 누워서 팔 다리를 뻗은 다음 컴퍼스 중심을 배꼽에 맞추고 원을 돌리면 두 팔의 손가락 끝과 두 발의 발가락 끝이 원에 붙는다. 정사각형으로도 된다. 사람 키를 발바닥에서 정수리까지 잰 길이는 두 팔을 가로로 벌린 너비와 같기 때문이다."

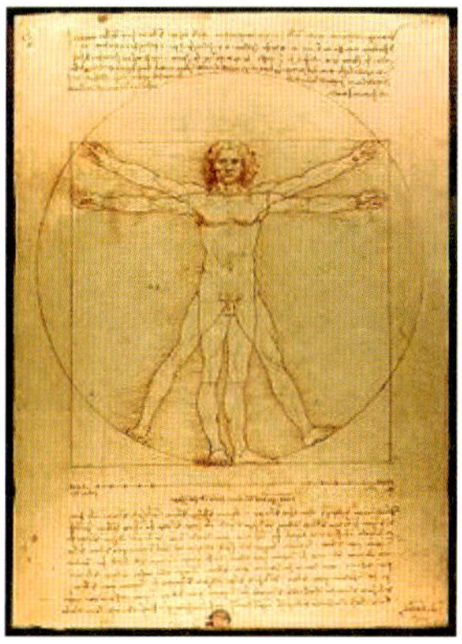

그림 1-12 인체 비례도

그림 1-12에서 두 팔을 벌린 길이는 신장과 같으며, 두 다리를 신장의 4분의 1만큼 벌리고 팔을 뻗쳐 중지를 정수리 높이까지 올린 다음 원을 그리면 그 중심은 배꼽이 되며, 배꼽과 두 다리 사이의 공간은 정확한 이등변삼각형이 된다. 다빈치는 이를 증명하기 위해 인체의 외곽에 정사각형과 원을 그려 넣었다.

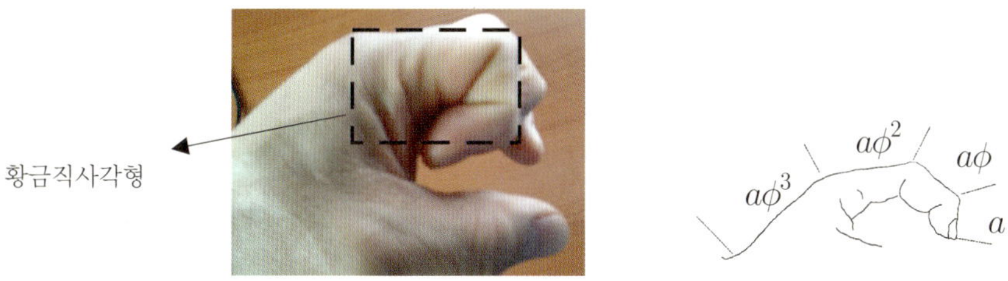

그림 1-13 손의 비율

우리의 손도 그림 1-13처럼 황금분할을 이룬다. 또한 팔뚝의 길이와 손의 길이 사이에도 황금비가 적용된다. 이처럼 인체의 대부분의 구성 비율이 황금비를 이루고 있다. 이제 인체에 대한 황금비를 좀 더 자세하게 알아보자.

인체는 배꼽을 중심으로 상반신과 하반신을 구분한다. 상반신은 어깨를 중심으로 하반신은 무릎을 중심으로 나누어진다. 우리가 아름답다고 하는 몸매를 가진 팔등신의 경우에 위의 비율들이 1:1.618이 됨을 볼 수 있다(그림 1-14).

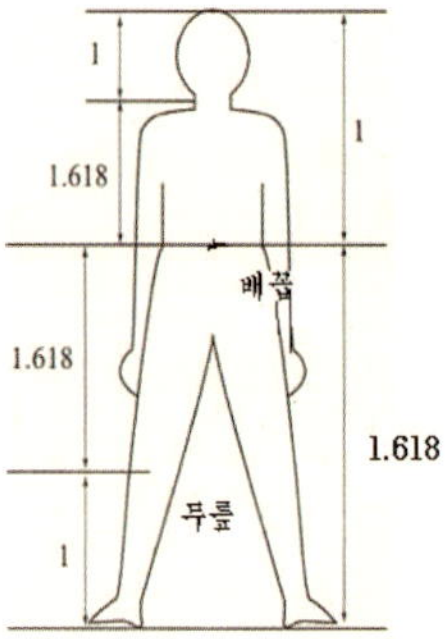

그림 1-14 인체 전신도

그림 1-15 계란의 황금직사각형

또한 얼굴은 코를 중심으로 나누어진다. 계란의 둘레에 직사각형을 그려보면 황금직사각형(그림 1-15)을 이루고 있다. 그래서 계란형의 얼굴을 미인형의 표본으로 생각하는 것이다. 계란형의 얼굴에서 각 부분의 황금비를 알아보자.

코를 중심으로 입과 눈까지의 거리 그리고 눈과 턱까지 거리의 비가 황금비이다. 눈썹은 머리카락이 자라나기 시작하는 부분과 턱 사이의 길이를 황금분할 한다. 치아에서도 황금비를 찾아 볼 수 있다. 두 앞니를 합쳐 황금직사각형을 그릴 수 있다.

비트루비우스가 '인체에 적용되는 비례 규칙을 신전 건축에 사용해야 한다.'고 한 것에서의 비례 규칙을 **균제 비례**라고 한다. 인체에서의 균제 비례를 정리하여 보면 다음과 같다.

① 안면의 길이가 신장의 1/10

② 손바닥의 길이가 팔 길이의 1/10

③ 턱에서 머리까지의 길이가 신장의 1/8

④ 배꼽이 중심인 원의 둘레 위에 손끝과 발끝이 있음

2) 동물에서의 황금비

동물에서도 인체와 마찬가지로 황금비를 이루고 있는 부분이 많다. 가젤 영양은 황금비를 많이 내포한 동물 중 하나이다. 뒷다리와 몸통이 만나는 부분을 기준으로 발끝까지 길이와 등까지 길이의 비가 황금비가 되고 등 전체는 뒷다리의 가랑이 지점에서 황금분할이 된다. 또 발끝에서 뿔끝까지는 어깨에서 황금분할 된다.

그림 1-16 가젤 영양의 황금비

불가사리나 사과 씨 등에서도 황금비의 모체가 된 정오각형의 모양을 가지고 있다.

그림 1-17 불가사리의 황금비

그림 1-18 사과의 황금비

3) 주식에서의 황금비

주가에서도 황금비가 중요한 분석 도구로 쓰인다. 1946년 미국 R. N. 엘리어트(Ralph Nelson Elliot)는 '우주의 비밀(The Secretes of Universe)'이란 책에서 "철학적 관점에서 20세기 최대 발견은 상대성 이론, 양자역학 등이 아니라 우리가 아직 궁극적 실체에 도달하지 못했음을 깨달은 것이다. 우리는 다만 변화를 주재하는 법칙에 따라 진행되어 외부세계에 나타난 현상을 규정지을 뿐이다. 모든 생명체와 움직임은 진동으로 구성돼 있으며 주식시장도 예외일 수 없다"고 주장했다.

엘리어트는 과거 75년 동안 주가 움직임에 대해 분석한 결과 인간 심리나 군중 행태를 반영한 증권시장도 자연법칙에 따라 움직인다고 설명했다. 즉, 증시는 상승 5파와 하락 3파의 8개 파동으로 이루어진 사이클이 연속적으로 일어난다는 것이다. 이를 엘리어트의 파동이론(Elliot Wave Theory)이라고 한다. 상승하는 주식가격과 하락하는 주식가격 시점이 황금비와 관련 있다는 것이다. 이 파동이론은 1987년 미국 주식시장 폭락사태를 예견해 최상의 주식 예측도구로 각광받았다. 파동이론에 내재되어 있는 황금비를 알아보자.

주가의 사이클은 그림 1-19에서 1, 2, 3, 4 및 5에 해당하는 상승 5파와 a, b, c에 해당하는 하락 3파로 구성되어 있다. 주가는 이러한 사이클의 순환과정으로 나타난다.

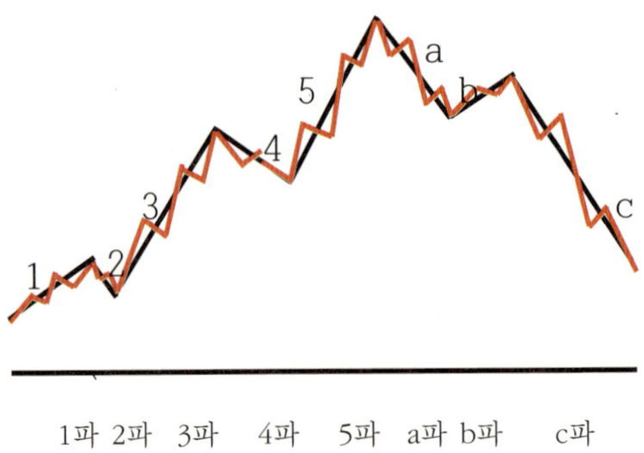

그림 1-19 엘리어트 파동

상승 5파에서 1, 3, 5를 **충격파동**(impulse wave)이라하고 2, 4를 **조정파동**(corrective wave)이라고 한다. 황금비가 이 파동 속에 내재되어 있다. 이를 정리하면 다음과 같다.

상승 5파

(1) 1파(1번 파동)

1파는 매수세가 모여드는 추세의 시작을 나타낸다. 그 모여든 매수세가 상승을 주도하게 된다. 1번 파동의 시작을 알아내기는 매우 힘들지만 포착한다면 매매시점으로는 최고점이다.

(2) 2파(2번 파동)

2파는 조정의 기간으로 주가의 되돌림이 일어난다. 이 되돌림은 황금비에 맞추어 나타난다. 앞에서 배운 황금비 ϕ = 1.618에 대한 식을 상기하자.

$\phi - \frac{1}{\phi} = 1$에서 $\frac{1}{\phi}$가 0.618임을 알 수 있다. 이 두 비율 0.618과 0.382은 바로 주식투자를 다루는 엘리어트 파동이론에 있어 "되돌림 비율"로 활용되어진다. 즉 조정기간 2파에서 주가의 하락이 일어나며 하락의 비율은 1파의 38.2% 또는 61.8%으로 나타난다. 이 때 100% 이하로 떨어지는 경우는 없다.

(3) 3파(3번 파동)

3파는 가격변동이 가장 활발하며 강력한 상승국면을 나타내는 파동이다. 엘리어트 파동이론에서 가장 중요하게 보는 흐름의 구간으로 일반적으로 1파의 1.618배 길이를 가진다.

(4) 4파(4번 파동)

4파는 2파와 마찬가지로 조정기간으로 상승에 대한 되돌림이 일어나며, 3파의 38.2%를 되돌리는 경우가 많다.

(5) 5파(5번 파동)

5파는 1파와 비슷한 길이거나 또는 1파에서 3파까지의 길이의 61.8% 정도의 길이로 형성된다. 5파에서 최고점을 찍고 하락이 시작된다.

하락 3파

(6) a파

a파는 하락 국면으로 접어드는 시점의 파동이다. 그림 1-19에서 보듯이 5개의 소 파동(빨강선)들이 합쳐 큰 파동을 일궈내고 있다. 속도는 매우 빠르다.

(7) b파

b파는 조정파동으로 a파를 38.2% 또는 61.8%의 비율로 되돌림이 일어나는 시점이다. 여기서는 하락에 반발하는 매수세가 유입되지만 5번 즉 최고점에는 미치지 못한다.

(8) c파

c파는 투매(손해를 무릅쓰고 주식이나 채권을 싼값에 팔아버리는 일)가 일어나는 시점이다. 가격의 하락 속도도 빨라진다.

이상에서 보았듯이 엘리어트 파동이론을 통해 살펴보면 주식이 황금비와 중요한 관련이 있음을 알 수 있다.

4. 황금분할용 컴퍼스

황금분할을 작도하기 위한 컴퍼스가 오래전부터 만들어졌다. 폼페이 유적에서 발견된 이 캠퍼스의 고대 원형은 그림 1-20과 같은 것이다. 길이가 같은 두 막대기 각각의 황금분할 점을 고정하여 만들어진 **환원컴퍼스**이다.

그림 1-20 황금분할용 환원컴퍼스

1893년 괴링어(Adalbert Goeringer)박사가 개발한 것을 소개한다. 이것은 피타고라스가 황금비를 발견한 정오각형의 구조에 착안하여 만들어졌다.

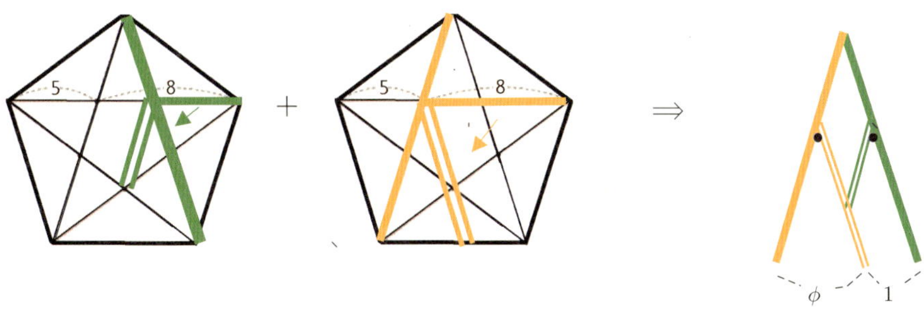

그림 1-21 황금분할 캘리퍼스

완성된 캘리퍼스에서 직선의 양끝을 맞추면 중간의 막대기 끝이 황금분할 지점을 가리킨다. 이것을 이용하면 여러분 얼굴의 황금분할 점을 쉽게 찾아볼 수 있다.

자연 속의 과학 세상

제 2 장

자연의 미

제2장
자연의 미

1. 피보나치수열

우리는 지구에 살고 있는 모든 생명체들에 있어서 항상 생명의 신비를 느끼고 있다. 특히 우리가 매일 접하고 있는 자연현상은 무질서하게 펼쳐 있는 것처럼 보이지만 그 속에 그들만의 질서가 있다. 주어진 환경에서 생명을 유지하고 종족을 번식하려는 몸부림은 어떤 질서 속에서 일어나고 있을까? 주위 환경에 따라 최소의 공간에 최대의 씨앗이나 꽃잎을 배열하려는 식물의 몸부림 속에 어떤 질서가 있을까? 나선 모양의 소라나 고둥의 등은 어떤 질서를 우리에게 보여 주는 것일까? 등 우리에게 의문을 일으키는 아름다움 속에 감추어진 자연의 질서를 과학적으로 설명하기 위해 많은 학자들이 노력하여 왔다. 즉 수학적인 구조가 식물, 동물들의 선택에도 내재 되어 있을 뿐만 아니라 자연에서 무한하게 나타나고 있기 때문에 우주 전체가 어떤 수학적 구조로 되어 있는지를 규명하는 노력이 계속되어 왔다. 이러한 노력의 결실은 이탈리아의 수학자 레오나르도 피보나치(Leonardo Fibonacci, 1170?-1250?)가 피보나치수열을 발견함으로 이루어졌다.

레오나르도 피보나치는 상업도시였던 이탈리아 피사에서 태어났다. 그는 상업에 종사하는 아버지의 직업 때문에 어려서부터 산술에 흥미를 가졌으며 일찍이 아버지를 따라 아프리카로 이사를 했다. 그 후 북아프리카 연안을 비롯해 지중해 연안을 두루 여행하면서 쌓은 지식을 바탕으로 피보나치는 1202년에 고향으로 돌아와서 산반서, 실용기하학, 수론, 제곱근서 등 다양한 수학책을 저술하였다. 이 중에서도 산술과 대수에 관한 책 '산반서(Liber Abaci)'를 통하여 인도-아라비아 수학을 유럽에 전파하는 공헌을 하였다. 이 책의 12장에 피보나치수열을 설명하는 다음과 같은 문제가 나온다.

> "어떤 사람이 사방이 벽으로 둘러싸인 장소에 토끼 한 쌍을 놓았다. 만일 매달 각 쌍의 토끼가 두 번째 달부터 새로운 쌍의 새끼를 낳는다고 가정하자. 그럴 때 1년 동안에 한 쌍의 토끼가 낳을 수 있는 토끼는 몇 쌍인가?"

다산, 불임, 사망 등 일어날 수 있는 여러 상황은 모두 제거하고 문제를 단순화시켜 위의 피보나치의 문제를 다시 정리하자.

1. 1월 1일에 태어난 암수 한 쌍의 토끼가 있다.
2. 한 쌍의 토끼는 태어난 지 두 달이 지나면 매달 한 쌍의 새끼를 낳는다. 즉 첫 번째 쌍은 3월 1일에 처음으로 한 쌍의 새끼를 낳는다.
3. 어떠한 토끼도 중간에 죽지 않는다.
4. 그 해 말(12월 31일)에 전체 토끼는 모두 몇 쌍이 있겠는가?

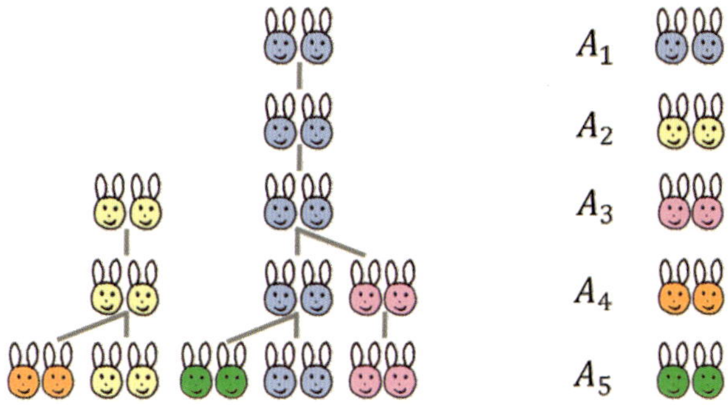

그림 2-1 피보나치 문제의 토끼 출생도

처음 한 쌍 A_1로 시작하여 1달이 지나도(2월 1일) 여전히 한 쌍 A_1 뿐, 2달이 되었을 때(3월 1일) A_1가 새끼 A_2를 출산함으로 2쌍 A_1, A_2가 된다. 3달이 되었을 때(4월 1일) A_1는 한 쌍 A_3을 출산하여 세 쌍 A_1, A_2, A_3가 된다. 4달이 되었을 때(5월 1일) A_1와 A_2가 각각 A_4, A_5를 출산함으로 5쌍 A_1, A_2, A_3, A_4, A_5가 되고, 5달이 되면(6월 1일) A_1, A_2, A_3가 출산 가능하여 각각 A_6, A_7, A_8을 출산한다. 그러면 8쌍 A_1, A_2, A_3, A_4, A_5, A_6, A_7, A_8이 된다. 6달이면(7월 1일) A_1, A_2, A_3, A_4, A_5가 출산하여 각각 A_9, A_{10}, A_{11}, A_{12}, A_{13}을 출산하여 13쌍 A_1, A_2, A_3, A_4, A_5, A_6, A_7, A_8, A_9, A_{10}, A_{11}, A_{12}, A_{13}이 된다. 여기서 살펴보면 n달에 출산 가능한 토끼 쌍 수 b_n은 2달 전 태어난 토끼 쌍 수 b_{n-2}만큼 기존 출산 가능한 토끼 수 b_{n-1}에 더해 감을 알 수 있다. 그리고 n달의 총 토끼 쌍 수 a_n은 $(n-1)$달의 총 토끼 쌍 수 a_{n-1}에 태어나는 쌍 수 b_n만큼 더 해진다. 이를 식으로 표현하면 다음과 같다.

$$b_n = b_{n-1} + b_{n-2}, \quad a_n = a_{n-1} + b_n, \quad n > 2$$

사실 태어나 2달이 지나면 출산 가능함으로 n달에 출산 가능한 쌍 수는 2달 전 총 토끼 쌍 수와 같다. 즉 $b_n = a_{n-2}$이다. 그러므로 위 식을 다음과 같이 나타내어 제시된 문제의 답을 나타낼 수 있다.

$$a_1 = 1,\ a_2 = 1,\quad a_n = a_{n-1} + a_{n-2},\quad n > 2$$

여기에 $a_0 = 0$을 첨가하여 위 식을 다음과 같이 나타낸다.

$$a_0 = 0,\ a_1 = 1,\quad a_n = a_{n-1} + a_{n-2},\quad n \geq 2$$

이 식을 이용하여 나타내는 수열은

0 1 1 2 3 5 8 13 21 34 55 89 144 233 377 610 ⋯

이다. 앞에 제시된 문제의 답은 144쌍이다. 그리고 이 수열을 피보나치가 제시하였다고 하여 **피보나치수열**이라고 부른다.

참고 기원전 500년경 핑갈라(पिङ्गल, Pingala)라는 인도 수학자가 쓴 '찬다 사트라'라는 운율에 관한 산스크리트 책에서 이 수열이 처음으로 알려졌다. 한 박자와 두 박자 음절에서 형성되는 리듬감 있는 형태에 관심이 있었는데, n박자를 갖는 이런 리듬의 수가 a_{n+1}이었다.

최근 영화로 만들어져 폭발적인 인기를 얻은 댄 브라운(Dan Brown)의 추리소설 '다빈치 코드'에서도 피보나치수열이 등장한다. 그 내용을 옮겨 보면 다음과 같다.

박물관장인 소니에르가 죽으면서 "13-3-2-21-1-1-8-5 O, Draconian devil! Oh, lame saint" 라는 메시지를 남긴다. 소니에르의 손녀인 소피는 맨 윗줄 숫자가 피보나치수의 배열임을 알아차리고, 종교학 교수인 주인공 랭던은 이

수열 배치에서 힌트를 얻어 'Leonardo Da Vinci! The Mona Lisa'라는 것을 밝혀낸다.

피보나치수열이 나타나는 또 다른 예를 들어보자. 햇빛의 반사에서도 피보나치수열을 찾을 수 있다. 겹쳐진 두 장의 투명한 유리에 햇빛이 n 번 반사될 때 경우의 수가 피보나치수열을 이루게 된다. 먼저 $n=0$ 즉 빛이 통과하는 경우의 개수는 1이다. $n=1$ 즉 한번 반사인 경우는 2번 있다.

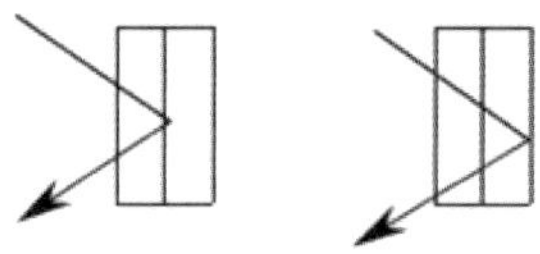

그림 2-2 빛의 반사 경우($n=0, 1$)

$n=2$인 경우는 다음 그림과 같이 3가지이다.

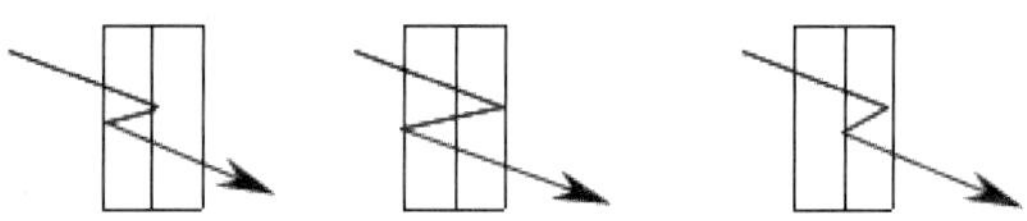

그림 2-3 빛의 반사 경우 ($n=2$)

$n=3, 4$인 경우를 살펴보면 다음 그림과 같이 각각 5가지(그림 2-4)와 8가지(그림2-5)가 나온다.

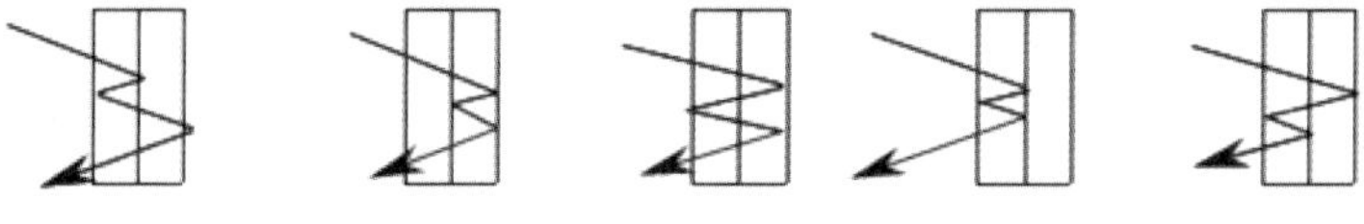

그림 2-4 빛의 반사 경우 ($n=3$)

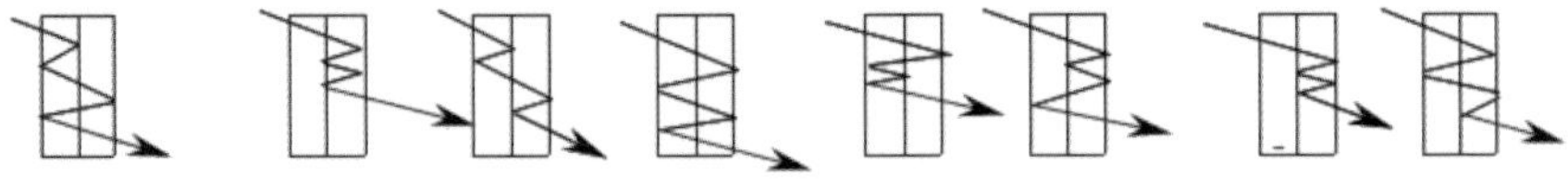

그림 2-5 빛의 반사 경우 ($n=4$)

위의 경우의 수는 다음과 같이 피보나치수열을 이룬다.

1 2 3 5 8 …

우리가 과학적 눈으로 바라보지 않기 때문에 보지 못할 뿐이지 자연세계에는 수많은 유사한 현상들이 존재한다. 다음 절에서 더 자세하게 알아보자.

2. 식물 세계에서의 피보나치수열

앞 절에서 소개한 피보나치수열은 동물의 탄생 규칙을 보여주고 있다. 이러한 규칙이 식물 세계의 여러 현상 속에 어떻게 적용되어 있는지 알아보자.

피보나치수열이 나온 것이 토끼의 번식에서 출발하였다면 식물성장의 역학적 측면에서 식물의 성장에도 이 수열을 적용할 수 있을 것이다. 식물의 줄기를 생각해보면 이들이 어느 정도 굵기가 되면 두 갈래로 갈라진다. 갈라져 새로 돋아난 새끼 줄기도 어느 정도 굵기가 되면 정기적으로 새끼 줄기를 칠 수 있다. 이는 토끼의 번식 원리와 동일하다. 나무 잎에서도 같은 원리가 적용될 수 있을 것이다.

나뭇가지 수 나뭇잎 수

그림 2-6 가지 수, 나뭇잎 수의 패턴

1) 꽃잎 수에서의 피보나치수열

이처럼 피보나치수열이 식물세계에서의 현상에서도 많이 발견되는 데 그 중 먼저 식물의 꽃잎 수에서 발견되는 것을 알아보자. 흔히 알고 있는 꽃들의 꽃잎 수를 세어보면 1장, 2장, 3장, 5장, 8장, … 등으로 이루어져 있다. 예를 들어 카라꽃은 1장, 백합과 붓꽃은 3장, 무궁화, 채송화, 동백과 딸기의 꽃잎은 5장, 코스모스와 모란은 8장, 금불초와 금잔화는 13장, 샤스타데이지, 치커리와 애스터는 21장, 질경이와 데이지는 34장, 쑥부쟁이는 55장 또는 89장이다. 이처럼 대다수 꽃의 꽃잎 수는 피보나치수열에 있는 수 중의 하나로 되어 있다.

카라꽃

꽃기린

백합

가시붓꽃

무궁화

도라지꽃

일일초

매발톱꽃

코스모스　　노랑데이지　　샤스타데이지　　망초꽃

그림 2-7　식물의 꽃잎

꽃잎 수	꽃 이름
1장	카라꽃
2장	등대 풀, 꽃기린
3장	백합, 가시붓꽃, 아이리스
5장	무궁화, 일일초, 매발톱꽃, 도라지꽃
8장	모란, 코스모스
13장	금불초, 금잔화, 노랑데이지
21장	샤스타데이지, 치커리, 애스터
34장	데이지, 질경이
55장	망초꽃, 쑥부쟁이

표 2-1　식물의 꽃잎 수 분류

2) 잎차례의 피보나치수열

햇빛이 없다면 식물이 성장할 수 있을까? 불가능함은 자명할 것이고 오히려 햇빛의 양이 많을수록 성장에 좋을 것이다. 그러면 식물의 각 잎이 더 많은 햇빛을 받기 위해 어떤 자연의 섭리가 그 속에 있을까? 우리들이 식물을 볼 때 무성한 잎만 볼뿐인데, 그러나 식물은 각 잎이 바로 위의 잎에 가리지 않고 햇빛을 최대한 많이 받는 방법을 알고 있다는 자연의 섭리가 존재한다. 잎이 나는 순서를 잎차례라고 한다. 이 잎차례에 대한 과학적 해법을 알아보자. 그 속에 피보나치수열이 적용되어 있다.

식물의 한 가지에 m번 회전하는 동안 잎이 n개 나오는 비율 $\frac{m}{n}$을 살펴보자. 물푸레나무와 보리수의 비율은 $\frac{1}{2}$, 개암나무와 뽕나무의 비율은 $\frac{1}{3}$, 떡갈나무, 참나무, 사과나무, 자두나무와 벚꽃나무에서 비율은 $\frac{2}{5}$, 배, 장미, 포플러, 버드나무에서는 비율이 $\frac{3}{8}$, 편도나무, 갯버들과 아몬드에서는 비율이 $\frac{5}{13}$으로 이루어져 있다. 이처럼 비율에서의 m, n은 피보나치수열의 수이다. 식물 전체의 90% 정도가 이러한 비율로 잎차례가 형성되어 있다.

옆에서 본 잎 배열　　위에서 본 잎 배열

그림 2-8　잎차례 1

잎차례는 줄기를 중심으로

1번 잎 → 2번 잎 → 3번 잎 → 4번 잎 → 5번 잎

순으로 따라 올라가면 줄기는 2회전하며 나타나는 잎은 5개이다. 3회전에 나타나는 잎이 8개인 경우를 그림 2-9에서 볼 수 있다.

옆에서 본 잎 배열　　　　위에서 본 잎 배열

그림 2-9　잎차례 2

그림 2-10　잎차례 3

이러한 잎차례를 황금비로 설명하여 보자. 위에서 내려다볼 때 이어 나오는 잎과 잎 사이의 중심각이 일정하다. 이 일정한 각을 황금각이라 부르며 $360^0/(1+\Phi) = 137.5^0$가 된다. 식물의 잎이 겹치는 잎이 있을까? 라는 의문을 갖게 된다.

3번 회전할 때 잎이 5개 나오므로 6번째 잎까지의 회전한 각이 3회전한 각과 같다면 잎이 겹칠 수 있다. 6번째 잎까지의 회전한 각은 $137.5^0 \times 5 = 687.5^0$이다. 3회전의 각은 $360^0 \times 3 = 1080^0$이므로 같지 않다.

한 가지에 m번 회전하는 동안 잎이 n개 나오는 비율 $\frac{m}{n}$과 회전한 각과의 결과는 다음과 같다.

m번 회전하는 동안 잎이 n개 나오는 비율	① m회전 각	② n번째 간격의 각	① - ② 각의 차
5/13	1800^0	1787.5^0	12.5^0
8/21	$2,880^0$	$2,887.5^0$	7.5^0
13/34	$4,680^0$	4675^0	5^0
21/55	$7,560^0$	$7,562.5^0$	2.5^0
34/89	$12,240^0$	$12,237.5^0$	2.5^0
55/144	$19,800^0$	$19,800^0$	0^0

표 2-2 회전각의 차이

위의 표에 보듯이 55회전에 145번째 잎이 위에서 보면 처음 잎과 겹쳐 보이게 된다. 그러나 어느 식물도 145개 잎이 생기지 않으므로 겹치는 식물은 없다.

3. 피보나치 사각형과 로그나선

피보나치수열에 관련된 사각형인 피보나치 직사각형에 의하여 나오는 로그나선에 대하여 알아보고 그 형태를 갖고 있는 자연 속의 현상을 살펴보자.

피보나치사각형의 형성

1. 각 변의 길이가 1인 정사각형을 그린다.
2. 1의 정사각형 2개를 한 면이 접하도록 하고 그 윗면에 접하도록 정

사각형을 그린다. 그러면 변의 길이가 2×3인 직사각형이 나온다.

3. 옆면에 접하도록 정사각형을 그린다. 그러면 3×5인 직사각형이 나온다.
4. 아래 면에 접하도록 정사각형을 그린다. 그러면 5×8인 직사각형이 나온다.

이 방법을 계속하면 다음과 같은 그림을 얻는다.

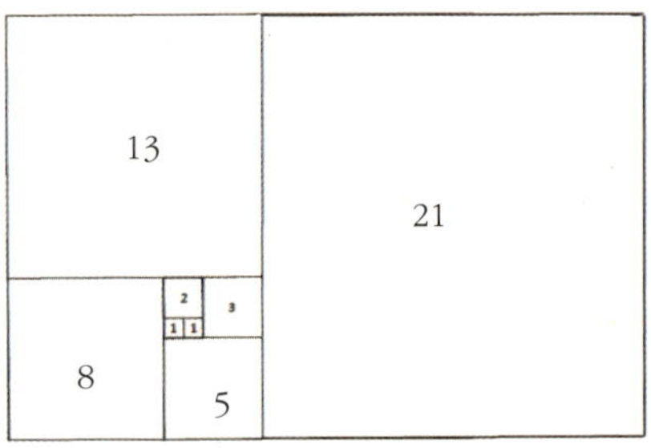

그림 2-11 피보나치 직사각형

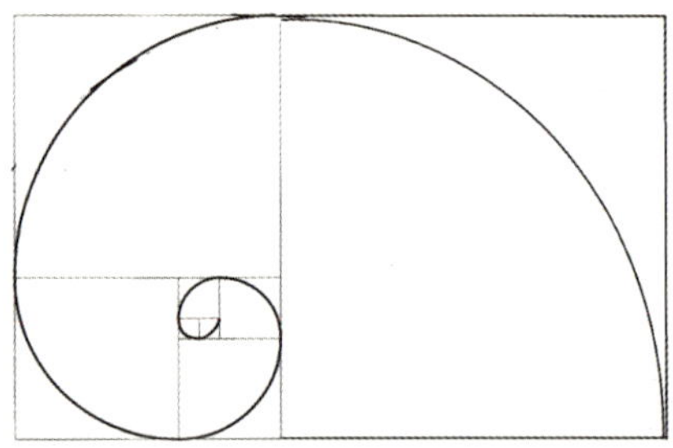

그림 2-12 피보나치 직사각형 안의 로그나선

이 **로그나선**이 수많은 자연물에서 나타나고 있다. 특히 앵무조개와 달팽이에 잘 나타나고 있다.

앵무조개

달팽이

그림 2-13 로그나선의 예

식물에서도 이러한 나선을 많이 볼 수 있다. 해바라기 씨의 경우에서도 로그나선을 찾을 수 있다. 해바라기 씨는 그림 2-14와 같이 중심에서 바깥쪽으로 34개의 시계방향 나선과 55개의 시계 반대방향 나선으로 이루어져 있음을 확인할 수 있다. 해바라기의 크기에 따라 시계방향 나선과 시계 반대방향 나선이 각각 13개와 21개, 21개와 34개, 55개와 89개 또는 89개와 144개 나선으로 이루어져 있다. 데이지와 세 잎 국화는 21개의 시계방향 나선과 34개의 시계 반대방향 나선으로 이루어져 있다. 이는 최소의 공간에서 가장 많은 씨앗을 배열하려는 수학적 관점이 포함되어 있다. 이러한 관점은 경제학에서도 최소의 경비로 최대의 이익을 올리려는 이론과 다를 바가 없다. 이러한 수학적 해법은 벌꿀의 정육각형 집 그리고 세포, 눈송이 등 많은 것에서 적용되고 있다.

그림 2-14 해바라기 씨 안의 로그나선

이렇게 서로 엇갈리는 나선들의 형태는 솔방울과 파인애플 등에서도 찾을 수 있다. 솔방울은 시계 방향으로 8개의 나선과 8개의 시계 반대

방향 나선으로 이루어져 있다. 또한 파인애플은 완만한 나선이 5개, 8개의 가파른 나선 그리고 거의 수직인 나선이 21개를 가지고 있다. 선인장에서도 이런 현상을 발견할 수 있다. 여기서 나타나는 나선의 수는 피보나치수열의 이웃 수임을 알 수 있다.

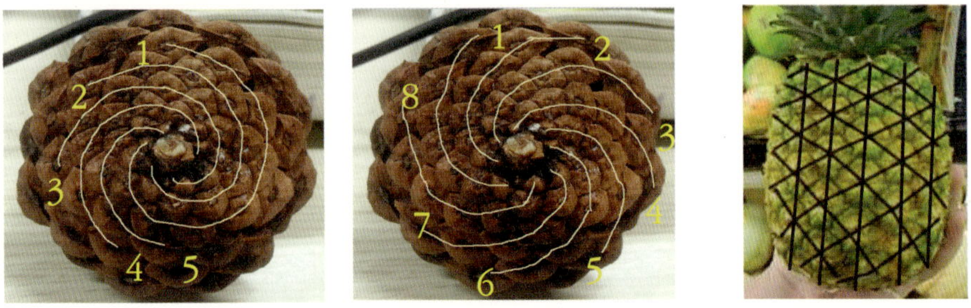

그림 2-15 식물의 로그나선

그 외에도 과일 씨앗의 개수도 피보나치수열을 따르는 경우가 많다.

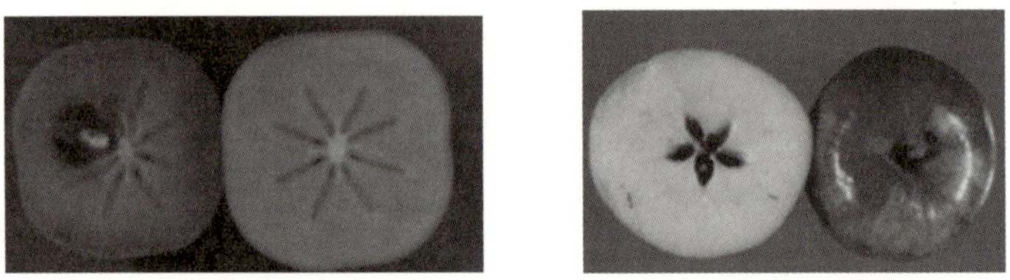

그림 2-16 사과의 씨앗 개수

4 피보나치수열의 특징

피보나치수열이 가지고 있는 특징을 살펴보자.

1) 황금비와의 관계성 및 수학적 의미

앞서 언급했듯이 피보나치수열은 황금비와도 밀접한 관계가 있는데 이는 독일 천문학자 요하네스 케플러(Johannes Kepler)에 의해 지적됐다.

$$a_0 = 0,\ a_1 = 1,\ \ a_n = a_{n-1} + a_{n-2},\ \ n \geq 2$$

피보나치수열의 이웃한 두 수열의 비 $\dfrac{a_{n+1}}{a_n}$은 n이 무한대로 갈 때 황금비 ϕ=1.618033989…로 수렴함(가까이 감)을 보인다. 실제로 살펴보면

피보나치수열

1, 1, 2, 3, 5, 8, 13, 21, 34, 55, 89, 144, 233, 377, 610, 987, 1597, 2584, 4181, 6765, 10946, 17711, 28657, 46368, 75025, …

에서 $\dfrac{21}{13} = 1.6153\cdots$, $\dfrac{55}{34} = 1.6176\cdots$, $\dfrac{4181}{2584} = 1.6180\cdots$ 같이 1.618033989…에 가까이 감을 알 수 있다.

또한 피보나치수열에서 한 숫자와 하나 건너 뛴 숫자와의 비율은

$$\frac{34}{13} = 2.615\cdots,\ \frac{89}{34} = 2.617\cdots,\ \frac{6765}{2584} = 2.618\cdots$$

처럼 2.618에 근접함을 알 수 있다. 이렇게 피보나치수열은 일정 조건을 만족하면 그 비율이 특정 값에 수렴하는 특성을 보인다.

위의 피보나치수열에 내재된 또 다른 수학적 의미를 알아보자. 첫 번째 항 1부터 55까지 10개항의 수를 더하면

$$1+1+2+3+5+8+13+21+34+55 = 143$$

이며, 일곱 번째 항인 13을 11배하면 역시 143이다. 이러한 규칙은 수열 어느 항을 잡더라도 성립한다. 즉, 선택한 항부터 열 개의 항의 합과 그 항부터 일곱 번째 항의 수를 11배한 값은 항상 같아진다. 이를 수학적 기호로 설명하여 보자.

선택한 항의 수를 m_1, 그 다음 항의 수를 m_2, 이렇게 하여 10개 항의 수열을 나타내면

$$m_1,\ m_2,\ m_3,\ m_4,\ m_5,\ m_6,\ m_7,\ m_8,\ m_9,\ m_{10}$$

이다.

$$m_1 = 1m_1 + 0m_2$$

$$m_2 = 0m_1 + 1m_2$$

$$m_3 = 1m_1 + 1m_2$$

$$m_4 = m_2 + m_3 = m_2 + m_1 + m_2 = m_1 + 2m_2$$

$$m_5 = m_3 + m_4 = (m_1 + m_2) + (m_1 + 2m_2) = 2m_1 + 3m_2$$

$$m_6 = m_4 + m_5 = (m_1 + 2m_2) + (2m_1 + 3m_2) = 3m_1 + 5m_2$$

$$\underline{m_7 = m_5 + m_6 = (2m_1 + 3m_2) + (3m_1 + 5m_2) = 5m_1 + 8m_2}$$

$$m_8 = m_6 + m_7 = (3m_1 + 5m_2) + (5m_1 + 8m_2) = 8m_1 + 13m_2$$

$$m_9 = m_7 + m_8 = (5m_1 + 8m_2) + (8m_1 + 13m_2) = 13m_1 + 21m_2$$

$$m_{10} = m_8 + m_9 = (8m_1 + 13m_2) + (13m_1 + 21m_2) = 21m_1 + 34m_2$$

$$m_1 + m_2 + m_3 + m_4 + m_5 + m_6 + m_7 + m_8 + m_9 + m_{10} = 55m_1 + 88m_2$$

$$11m_7 = 11 \times (5m_1 + 8m_2) = 55m_1 + 88m_2$$

따라서 언급한 규칙이 성립한다.

2) 피보나치수열의 그 외 적용

피보나치수열은 신호이론, 의학, 물리학, 통계학에 쓰이는 것은 물론 숫자와 상관없어 보이는 예술 분야에서도 응용되고 있다. 음악에서 튜닝

을 하는데 이용되고, 비주얼 아트에서는 길이나 콘텐츠, 형식요소를 결정하는 데도 이용된다. 벨라 바르톡의 '현악기, 타악기 그리고 첼리스트를 위한 음악'은 피보나치수열이 나타나는 대표적인 예술작품이다. 수학에서 고등학교부터 많이 익숙한 이항정리를 기억할 것이다. 이 이항정리에서 계수들의 관계에도 피보나치수열이 적용된다. 이항정리는 다음과 같다.

$$(x+y)^n = x^n + {}_nC_1x^{n-1}y + {}_nC_2x^{n-2}y^2 + \cdots + {}_nC_{n-1}xy^{n-1} + {}_nC_ny^n$$

$${}_nC_k = \frac{n!}{(n-k)!k!}\ ,\ 0 \le k \le n$$

예를 들어 보자.

$$n=2 \qquad (x+y)^2 = x^2 + {}_2C_1xy + y^2$$

$$n=4 \qquad (x+y)^4 = x^4 + {}_4C_1x^3y + {}_4C_2x^2y^2 + {}_4C_3xy^3 + {}_4C_4x^0y^4$$

$$= x^4 + 4x^3y + 6x^2y^2 + 4xy^3 + y^4$$

이 식들에서 나오는 계수들을 적어보면 다음과 같은 삼각형을 이룬다.
$n=6$일 때

$$\begin{array}{c}
{}_0C_0 \\
{}_1C_0\ {}_1C_1 \\
{}_2C_0\ {}_2C_1\ {}_2C_2 \\
{}_3C_0\ {}_3C_1\ {}_3C_2\ {}_3C_3 \\
{}_4C_0\ {}_4C_1\ {}_4C_2\ {}_4C_3\ {}_4C_4 \\
{}_5C_0\ {}_5C_1\ {}_5C_2\ {}_5C_3\ {}_5C_4\ {}_5C_5 \\
{}_6C_0\ {}_6C_1\ {}_6C_2\ {}_6C_3\ {}_6C_4\ {}_6C_5\ {}_6C_6
\end{array}$$

그림 2-17 파스칼의 삼각형

이 삼각형을 **파스칼의 삼각형**이라고 한다. 이 삼각형에는

$_{k-1}C_{r-1} + _{k-1}C_r = _kC_r$의 성질을 가지고 있다. 즉,

$$_1C_0 + _1C_1 = _2C_1\ ,\ _3C_2 + _3C_3 = _4C_3$$

등이다.

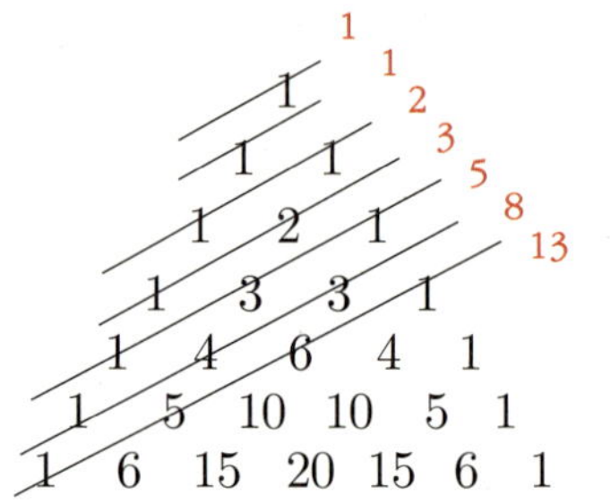

그림 2-18 파스칼 삼각형의 대각선

그림 2-18에서 대각선에 따른 수들의 합(빨간 색 수)은 피보나치수열을 이룬다.

자연 속의 과학 세상

제 3 장

체감온도와 불쾌지수

제3장
체감온도와 불쾌지수

1. 체감온도

우리와 상이한 문명을 가진 여러 나라를 방문하였을 때 가장 불편한 것이 의사소통일 것이다. 우리는 지역에 따라 고유의 의사소통 체계를 가지고 있어 어릴 적부터 자연스럽게 습득하게 된다. 이때 언어라는 도구를 사용한다. 학문에 있어서도 그 학문을 연구하는 자들끼리 상호 의사소통을 위하여 특별한 언어를 사용한다. 특히 모든 학문의 기초라는 수학에서는 더욱 그러하다. 좀 더 쉽고 간단하게 표현하고자 고안하였던 문자($x, y, z, \cdots$)나 기호($+, \times, \forall, \exists, \infty, \cdots$)가 처음 접하는 사람들에게는 마치 다른 문명의 의사소통 언어로 느껴지게 된다. 수학을 기호의 학문이라고 할 만큼 많은 기호를 사용하고, 그 기호를 결합하여 여러 현상들을 식으로 나타낸다. 수학에서 사용되는 언어를 수학적 언어(mathematical language)라고 한다. 이러한 언어를 배우기 위하여 많은 시간과 노력이 필요하다. 또한 많은 학생들은 수학도 힘들지만 그 기호를 사용한 표현의 어려움으로 더욱 더 수학을 공포의 대상으로 여기게 된다.

이러한 공포의 대상인 수학적 언어도 익숙해지면 모든 현상을 짧게 그리고 명쾌하게 나타낼 수 있다. 수학은 사물의 본질을 파악하여 논리적으로 나타내는 학문이다. 이처럼 모든 현상을 논리적으로 표현하기 위하여 수학적 언어를 사용한다.

우리가 가장 민감하게 반응하는 것 중 하나가 날씨일 것이다. 그 중에서도 기온은 더욱 그러하다. 먼저 기온을 나타내는 온도에 대하여 알아보자.

온도와 열을 혼돈하여 사용하는 경우를 피하기 위하여 두 가지를 구분하여 간단히 설명한다. 온도는 물체가 가지고 있는 에너지 정도이고 열은 물체로 이동하는 내부에너지 변화의 양을 나타낸다. 1714년 파렌하이트(Fahrenheit)는 화씨온도계를, 1742년 셀시우스(Celsius)는 섭씨온도계를 만들어 사람들의 감각에 의하여 의존하지 않고 수치로서 온도를 표시함으로 열과 온도라는 두 개념을 분명하게 구별하게 되었다. 또한 앞의 두 온도계는 물질의 성질에 의존하는 상대적 성질이 있어 물질의 성질에 의존하지 않는 온도 측정이 필요하게 되어 1848년 켈빈(W.Kelvin)이 **절대온도(absolute temperature / Kelvin temperature, 絶對溫度)**를 도입하였다. 단위는 켈빈(기호: K)이다. 이론상 생각할 수 있는 최저온도 0K를 기준으로 하고 1K와 2K의 간격이 섭씨의 도 사이의 간격과 같은 온도단위를 말한다. 국제도량형위원회는 모든 온도 측정의 기준으로 절대온도를 채택하고 있다. 절대온도와 섭씨온도와의 관계식은 다음과 같다.

$$C = T - 273.15, \qquad C: \text{섭씨온도} \quad T: \text{절대온도}$$

또한 화씨온도(F)와 섭씨온도(C)의 관계식은 다음과 같다.

$$F = \frac{9}{5}C + 32$$

섭씨온도, 화씨온도 및 절대온도의 단위를 구분하면 다음 표와 같다.

	빙점	끓는점	구분
섭씨온도	0℃	100℃	100등분
화씨온도	32°F	212°F	180등분
절대온도	273.15K	373.15K	간격은 섭씨와 같음

표 3-1 빙점과 끓는점

기온의 변화에 따라 곤충들의 반응도 달라진다. 그 중 재미있는 하나를 소개한다. 과학자의 발표에 의하면 귀뚜라미와 매미는 기온의 변화에 따라 우는 횟수가 다르다. 그것을 다음과 같은 식으로 나타내었다.

$$V=4F-160$$, V는 분당 우는 횟수, F는 화씨온도

위 식에서 화씨가 40°F이면 우는 횟수가 0임을 본다. 이는 얼음이 어는 상태가 되면 우리가 매미와 귀뚜라미의 울음소리를 들을 수 없음을 나타내고 있다. 반면에 30℃ 즉 86°F인 여름철에는 매미는 분당 184회를 운다. 위의 식을 역으로 계산하면 우리가 온도계가 없더라도 현재의 기온을 측정할 수 있다. 위의 식에서 다음을 얻을 수 있다.

$$F=\frac{V+160}{4}$$, V는 분당 우는 횟수, F는 화씨온도

매미와 귀뚜라미가 1분에 160회 운다면 $F=\frac{160+160}{4}=80$이 되어 기온은 80°F이다. 섭씨로는 약 27℃가 된다.

우리가 느끼는 온도는 실제 온도보다 많은 차이가 있음을 알고 있다. 우리는 여름철에 선풍기 앞에서 더위를 잊고, 세찬 바람 속의 겨울에는 더욱 더 추위를 느끼게 된다. 이처럼 바람은 우리가 느끼는 온도에 많은 영향을 준다. 우리가 느끼는 체감의 정도를 나타낸 온도를 체감온도라 한다.

외출을 준비하면서 오늘 어떤 옷을 입을지 주저한다. 여러 가지 요인이 있지만 그 중 가장 먼저 고려하는 것이 외부 체감온도일 것이다.

과학을 발전시키게 하는 동기 중 하나는 필요성이다. 체감온도의 계산 역시 같은 이유이다. 인류 역사상 최초로 체감온도를 계산한 사이플(Sipel)과 파셀(Passel)은 미국의 탐험가인데 그들이 남극을 탐험하면서 온도계에 나타나는 온도와 다른 추위를 느끼면서 실제로 인체가 감지하는 추위의 정도를 나타낼 필요성을 느끼게 되었다. 두 사람은 1939년 플라스틱 통에 물을 채운 뒤 건물 위에 매달고는 바람과 기온에 의해 통의 물이 어는 속도를 이용하여 체감온도 식을 만들었다. 이러한 계산법은 계속 발전하여 1971년에 발표된 Steadman 계산식 등 여러 가지가 있다. 이 중에서 인체 실험의 결과로 만들어진 계산식이 2001년 8월 캐나다 토론토에서 열린 Joint Action Group for Temperature Indices(JAG/TI) 회의에서 발표됨으로 미국, 캐나다 등 대부분 국가들이 이 계산식을 사용하여 체감온도를 측정한다. 우리나라 기상청 역시 그러하다.

이 계산식을 소개하겠다. 계산식을 도출하기 위한 인체실험은 12명의 사람들 각각의 코, 턱, 이마, 뺨 등에 센서를 붙인 뒤 기온과 바람을 달리 하면서 피부의 온도와 열손실을 계산하는 것으로 진행되었다. 그 결과를 수학적 언어를 사용하여 만든 계산식은 다음과 같다.

체감온도 T

$$T = 13.12 + 0.6215 \times t - 11.37 \times v^{0.16} + 0.3965 \times v^{0.16} \times t$$

t : 기온, v : 풍속(km/h)

또 다른 식을 소개하면 다음과 같다.

풍냉 지수(wind-chill index): T

$$T = 33 - (10.45 + 10\sqrt{v} - v)(33 - t),\ 1.79m/s < v < 20m/s,$$
$$t : \text{기온},\quad v : \text{풍속}(m/s)$$

여기서 $1.79m/s$은 보통 성인이 빠르게 걷는 속도를 나타낸다.
위의 식을 이용하여 몇 가지 예를 표로 만들면 다음과 같다.

온도	풍속	체감온도
0℃	$5m/s$	−8.6℃
0℃	$16m/s$	−17℃
10℃	$5m/s$	5.2℃
10℃	$16m/s$	−2℃

표 3-2 체감온도 요약

구분		풍속(m/s)									
		2	4	6	8	10	12	14	16	18	20
기온(℃)	15	15	12	10	8	7	6	6	6	4	4
	10	10	6	4	2	0	−1	−1	−2	−3	−4
	5	5	0	−3	−5	−7	−8	−8	−10	−11	−12
	0	0	−5	−9	−12	−14	−16	−16	−17	−19	−20
	−5	−5	−11	−15	−19	−21	−23	−23	−25	−27	−28
	−10	−10	−17	−22	−25	−28	−31	−31	−32	−35	−36
	−15	−15	−23	−28	−32	−35	−38	−40	−40	−43	−44

표 3-3 풍속에 비례한 체감온도

관측할 수 있는 자연 현상에서 바람의 속도를 측정한 결과를 소개한다.

z

풍력 계급	명칭	풍속	육상상태
0	고요	0~0.2	연기가 똑바로 올라감
1	실바람	0.3~1.5	연기가 날림
2	남실바람	1.6~3.3	나뭇잎과 잔가지가 흔들림 바람이 얼굴에 느낌
3	산들바람	3.4~5.4	깃발이 가볍게 휘날림
4	건들바람	5.5~7.9	먼지가 일고 종이가 날림 작은 나뭇가지 흔들림
5	흔들바람	8.0~10.7	잎이 무성한 나무 전체가 흔들림 강물에 잔물결이 일어남
6	된바람	10.8~13.8	큰 나뭇가지 흔들림 전선이 흔들림 우산받기 힘듬
7	센바람	13.9~17.1	나무 전체가 흔들리고 걷기가 곤란함
8	큰바람	17.2~20.7	잔가지가 꺾이고 걷기 힘듬
9	큰센바람	20.8~24.4	건물 일부 파손됨
10	노대바람	24.5~28.4	나무가 쓰러지고 건물이 큰 피해를 입음
11	왕바람	28.5~32.6	건물이 대부분 피해를 입음
12	싹쓸바람	32.7이상	많은 것들 파괴됨

표 3-4 풍력 계급

2. 불쾌지수

외출을 준비하면서 오늘 어떤 옷을 입을지 주저한다. 외부 체감온도는 옷의 두께를 정하는데 기준이 된다면 색상을 정하는데는 주위의 환경을 많이 고려하여야 할 것이다. 주위 사람들을 짜증나게 하지 않는 색상을 선택하기 위해서는 어떤 요인을 고려하여야 할까? 기후에 의한 주위 사람들의 심리적인 상태와 정도를 나타내는 수치가 필요할 것이다. 이러한 불쾌의 정도를 나타내는 것을 **불쾌지수**(discomfort index, 不快指數)라고 하며, 불쾌지수는 온도, 습도, 풍속 등 날씨에 따라 사람이 불쾌감을 느끼는 정도를 기온과 습도를 이용하여 수학적 언어로 나타낸 수치이다. 체감온도가 바람의 속도와 관련성이 많다면 불쾌지수는 습도와 관련성이 많다. 또한 체감온도는 주로 추운 겨울철에 많이 사용되는 지수라면 불쾌지수는 상대적으로 더위로 짜증이 많이 나는 여름철에 사용되는 지수이다. 1959년 여름 미국에서 약 300개 도시에 처음으로 일기예보를 할 때 불쾌지수를 발표하였다. 이후 불쾌지수를 발표함으로써 불쾌감을 더욱 조장한다는 여론이 있어 온습지수(temperature humidity index: THI)라는 말로 바꿔서 사용하기도 하였다.

이를 수학적 언어인 식으로 나타내면 다음과 같다.

$$D = 15 + 0.4(t + w),\quad t: \text{온도}(^\circ\text{F})\quad w: \text{습구 온도}(^\circ\text{F})$$

$$D = 40.6 + 0.72(t + w),\quad t: \text{온도}(^\circ\text{C})\quad w: \text{습구 온도}(^\circ\text{C})$$

불쾌지수에 따르는 우리가 느끼는 정도는 다음과 같다. 그러나 사람마다 불쾌감을 느끼는 정도가 다소 다름을 고려하여야 한다.

불쾌지수	느끼는 정도
<68	전원 쾌적함을 느낌
$68 \le D < 75$	10% 정도 불쾌감을 느끼기 시작함
$75 \le D < 80$	50% 정도 불쾌감을 느낌
$80 \le D$	전원 불쾌감을 느낌
$86 \le D$	전원 매우 불쾌감을 느낌

표 3-5 불쾌지수와 심리상태 비교

3. 온도계

1593년 갈릴레오 갈릴레이(Galilei, Galileo)가 온도에 따라 부피가 변하는 원리를 이용해서 만든 온도계가 최초의 온도계이다. 1714년 파렌하이트(Fahrenheit)는 화씨온도계를, 1742년 셀시우스(Celsius)는 섭씨온도계를 고안하여 수치로서 온도를 표시하였다. 물질의 성질에 의존하지 않는 온도 측정이 필요하게 되어 1848년 켈빈(W.톰슨)이 절대온도(absolute temperature / Kelvin temperature, 絶對溫度)를 나타내는 절대온도계를 고안하였다. 이러한 온도계로서는 실제로 우리 인체가 느끼는 더위나 추위의 정도를 정확하게 나타낼 수 없다. 그래서 우리가 느끼는 체감온도를 나타내기 위하여 개발한 온도계가 습구온도계와 카타온도계이다.

습구온도계(wet-bulb thermometer, 濕球溫度計)는 백색으로 탈지된 얇은 무명천으로 싸여 있는데, 무명천에 물을 축여서 2.5~5m/s 속도로 3분 정도 통풍시킨 후 온도를 측정한다.

카타온도계(kata-溫度計 , kata thermometer)는 인체가 느끼는 춥고 더움의 정도를 측정하는 온도계로 힐(L. Hill, 1914)이 고안하였다. 그 구조를 알아보면 35℃(95°F)에서부터 37.8℃(100°F)까지의 눈금이 새겨진 직경 1.8cm, 길이 4cm의 구부계를 갖는 길이 22cm의 알코올 온도계이다. 측정 온도는 측정할 장소에서 구부를 인위적으로 38℃ 이상으로 상승시킨 후 알코올 주(柱)가 37.8℃에서 35℃까지 내려가는 시간을 여러 번 측정하여 평균치로 구한다.

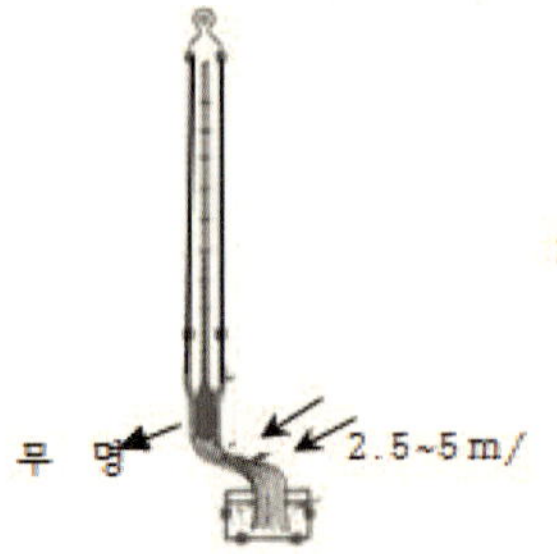

습구온도계

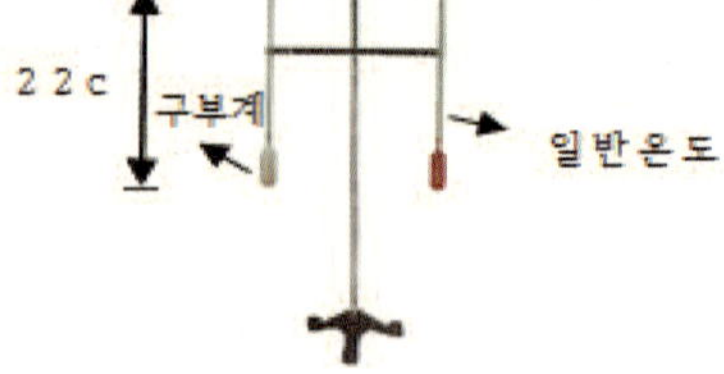

카타온도계

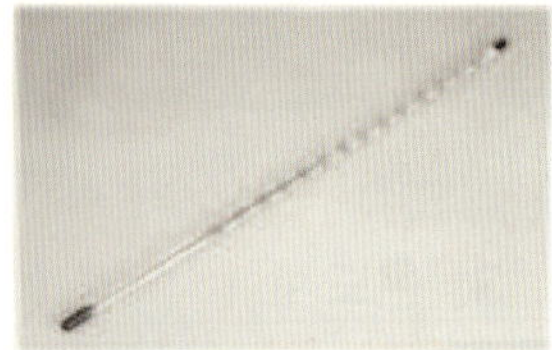

일반온도계

그림 3-1 온도계

제 4 장

지진

제4장

지진

1. 지진 발생과 측정

자연의 변화는 살아있는 모든 생물들에도 미치는 영향이 크다. 한 예로 기상의 변화로 기온이 급강하하였던 빙하기시대는 많은 생물들이 멸종하는 결과를 낳기도 하였다. 말의 원래 조상은 숲에 살면서 연한 나뭇잎을 먹었지만, 시대가 흐르면서 숲이 초원으로 바뀌게 되어 환경이 변화함에 따라 키가 커지고 긴 다리로 달리며 풀을 뜯어먹는 동물로 진화하였다. 이처럼 자연환경의 변화에 따라 생물이 멸종과 진화를 거듭하여 왔다. 인간 역시 자연환경의 변화에 따라 그것에 맞춘 생활 패턴의 변화를 가져 왔다. 옛날이나 지금이나 변함없이 자연환경의 변화에 민감하였으며 이러한 자연환경 변화를 미리 예측하거나 조기 감지하여 변화에 대처하려는 노력을 꾸준히 하여 왔다. 이러한 것 중에 하나가 대재앙을 가져오는 천재지변에 대한 대처일 것이다.

천재지변 중 하나인 지진(地震, earthquake)에 대하여 알아보기로 하자. 자연적이든 또는 인위적이든 지구 표면의 흔들림을 지진이라고 한다.

지하 핵실험과 같은 폭발 또는 지나친 지하수의 개발이나 저수로 인하여 암석 사이에 공간이 생기거나 물이 차서 암석이 붕괴되어 지표가 흔들리는 현상은 일시적이기도 하고 예견할 수 있으며 그 규모가 크지 않으므로 그다지 심각하지는 않다. 그러나 1961년 '이반(차르봄바)'이라고 이름붙인 50 메가톤급 핵폭탄을 북극해의 노바야제믈랴 섬 지하에서 터트렸을 때 발생한 지진과 1967년 인도의 코이나 저수지가 들어서면서 압력을 가해 생긴 지진은 엄청난 규모이기도 하다. 이러한 인위적 지진에 의한 재앙은 우리에게 그 규모를 측량하게 함으로 향 후 대처할 수 있게 한다. 자연적으로 생기는 지진은 그 규모에 따라 우리에게 엄청난 재앙을 가져다준다. 14,294명이 사망하고 재산피해가 80조억원인 일본 도호쿠(東北) 지역의 강진을 비롯한 크고 작은 지진은 우리의 생활을 위협한다.

그림 4-1 일본 동북 지역에서 강진의 피해

2005년부터 2011년까지의 세계지진의 중요일지는 다음과 같다.

발생년도	장소	규모	피해정도
2011. 3.11	동일본	9.0	14,300 여명 사망
2010. 2. 27	칠레	8.8	700 여명 사망
2010. 1. 12	아이티	7.0	300,000 여명 사망
2009. 4. 6	이탈리아	6.3	270 여명 사망
2008. 5. 12	중국	7.8	87,600 여명 사망
2007. 8. 16	페루 리마 해역	7.5	1,600 여명 사상
2006. 5. 27	인도네시아	6.3	6,000 여명 사망
2005. 3. 28	인도네시아	8.7	900 여명 사망

표 4-1 주요 지진 목록

우리나라에서는 지진의 발생이 잦지 않고 그 규모도 크지는 않다. 그러나 지진의 피해에서 무관하다고는 할 수 없다. 기록에 의하면 우리나라에서 처음으로 지진이 발생한 것은 27년 6.3 규모로 경기도 광주지역에서 있었다고 한다. 또 삼국사기에 의하면 779년 경주지역에서 100여 명이 사망하는 지진이 발생하였다고 한다. 그 당시 인구 분포로 보면 상당한 규모로 추정된다. 그 후 많은 지진이 발생하였다는 기록이 남아 있다. 1905년 지진계가 도입된 후 900 여 차례 발생하였다.

발생연도	규모	장소
2014. 04. 01	5.1	충남 태안군 서격렬비도 서북서쪽 100km 해역
2013. 10. 11	3.6	경북 영덕군 동북동쪽 22km 해역
2013. 09. 11	4.0	전남 신안군 가거도 남남동쪽 60km 해역
2013. 07. 13	3.5	전북 군산시 어청도 동북동쪽 21km 해역
2013. 05. 21	3.7	인천 백령도 남쪽 33km 해역
2013. 05. 18	3.9	인천 백령도 남쪽 32km 해역
2013. 05. 18	4.9	인천 백령도 남쪽 31km 해역
2013. 05. 18	3.5	인천 백령도 남남동쪽 31km 해역
2013. 04. 21	4.9	전남 신안군 흑산면 북서쪽 101km 해역
2013. 02. 05	3.5	경남 거창군 북북동쪽 11km 지역
2011. 06. 17	4.0	인천 백령도 동남동쪽 13km 해역
2011. 06. 15	3.7	전남 여수시 거문도 남동쪽 58km 해역
2011. 02. 27	3.5	제주 제주시 고산 북북서쪽 47km 해역

표 4-2 규모 3.5이상 주요 국내 지진목록(2011~2014)

이러한 지진이 발생한 지역을 알아내기 위해 옛날부터 기구를 만들었다. 즉 땅의 진동을 측정하는 기구이다. 이 기구를 **지진계**(地震計, seismometer)라고 한다. 기록에 의하면 AD 2세기경 중국 시대 장헹이 만든 **지동의**(地動儀)가 최초의 지진계로 알려져 있다. 청동으로 만들어졌으며 직경이 약 1.8m가 되는 통의 둘레에 구슬을 물고 있는 여덟 마리의 용을 만들고 각 용 아래에 입을 벌린 8마리의 두꺼비를 그림과 같이 만들었다. 땅의 진동에 의하여 구슬이 떨어져 그 밑에 있는 두꺼비 입속으로 들어간다. 이것으로 지진의 방향을 측정하였다.

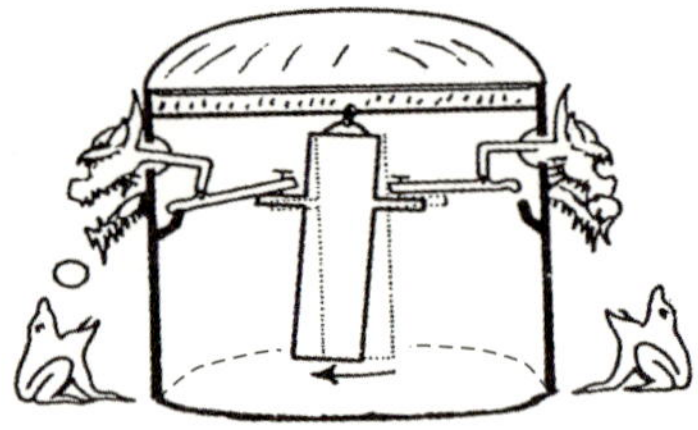

그림 4-2 장헹의 지동의

1880년에 정확한 지진을 측정할 수 있는 지진계가 만들어졌다. 지진계의 원리는 간단하다. 무거운 추에 실을 매어 늘어뜨린 후 실을 수평으로 아무리 흔들어도 추는 움직이지 않도록 한다. 이 원리를 이용하여 지진계를 만들었다. 추에 펜을 달고 그 밑에 종이를 놓은 상태에서 흔들리면 추는 가만히 있고 종이만 흔들린다. 그러면 펜에 의하여 종이 위에 흔들리는 대로 기록된다.

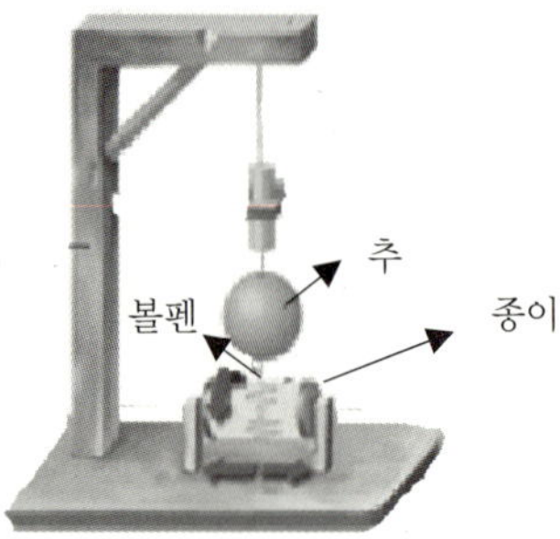

그림 4-3 지진계

2. 진앙 찾는 법

인위적 요인이든 자연적 요인이든 지구 내 암석의 파괴에 의하여 지진이 발생한다. 이 암석이 파괴되는 장소를 지진의 원인이 되는 곳이라고 하여 **진원**(震源)이라 하고 진원 바로

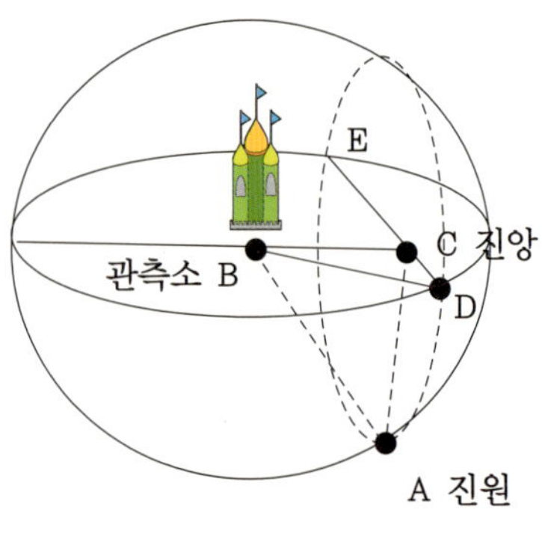

그림 4-4 진원의 깊이

위의 지표점을 **진앙**(震央)이라 한다.

진원의 깊이를 구하는 방법은 다음과 같다. 진앙의 위치를 알아낸 다음, 관측소 B에서 진원 A까지 거리 d를 알면 B를 중심으로 하고 d를 반지름으로 하는 구를 그린다. 진원 A에서 진앙 C을 이은 선분이 수직 이등분하는 현 DE를 그린다. 선분 BC도 선분 DE를 수직 이등분한다. 그러면 ΔBCD와 ΔBCA는 합동이다. 그러므로 선분 CD와 선분 CA의 길이는 같다. 그래서 진앙에서 진원까지 거리는 현 DE 거리의 반이다.

진앙을 중심으로 진동이 퍼져 나갈 것이다. 그래서 지진의 진앙을 찾는 것 또한 중요하다. 즉 현재의 위치에서 진앙까지의 거리를 구하는 것이다. 이를 위해 P파와 S파를 먼저 정의한다. P파는 종파(縱波, longitudinal wave)라고 하며 물질의 밀도를 변화시키며 이동하는 파이다. 예를 들면 말할때나 악기를 다룰 때 발생하는 음파이다. 벽에 고정한 스프링을 손에 잡고 뒤로 당겼다가 앞으로 밀면 압축된 것이 팽창과 압축을 반복하며 벽 쪽으로 전달됨을 볼 수 있다. 이처럼 P파는 압축과 팽창을 거듭한다. 이 파가 지진계에 처음 도착하는(Primary)파이므로 앞 글자인 P를 가져와서 P파라 부른다. S파는 횡파(橫波, transverse wave)라고 하며 전달물질이 파의 진행방향에 수직으로 이동하며 전달되는 파이다. 예를 들면 파도가 이 파에 해당된다. 벽에 고무줄을 매달고 다른 쪽을 손에 잡고 아래위로 흔들면 손에서 시작한 파의 진동은 고무줄을 아래위로 움직이며 벽으로 이동하는 형태이다. 이를 S파라고 함은 이 파가 종파 다음 즉 두 번째(Secondary)에 도착하는 파라고 하여 앞 글자 S를 따왔기 때문이다.

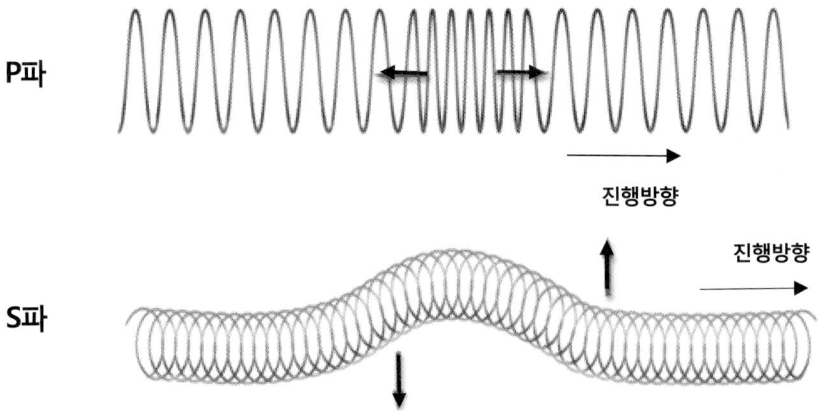

그림 4-5 P파와 S파

P파의 속도 v_1, S파의 속도 v_2, P파와 S파의 도착 시간차를 T라고 할 때, 진앙지까지의 거리 d를 구하는 식은 다음과 같다.

$$T = d/v_2 - d/v_1 \Rightarrow T = d(1/v_2 - 1/v_1) = d((v_1 - v_2)/v_2v_1)$$

$$\Rightarrow d = Tv_2v_1/(v_1 - v_2)$$

위의 방법으로 세 장소에서 진앙까지의 거리를 구하면 정확한 진앙을 구할 수 있다. 그 방법은 각 관측 장소에서 각 진앙까지의 거리를 반지름으로 하는 원을 그려 세 원이 만나는 점이 진앙이 된다. 관측소 A, B, C에서 진앙까지 각 거리가 d_1, d_2, d_3 일 때 진앙은 다음 그림과 같이 찾을 수 있다.

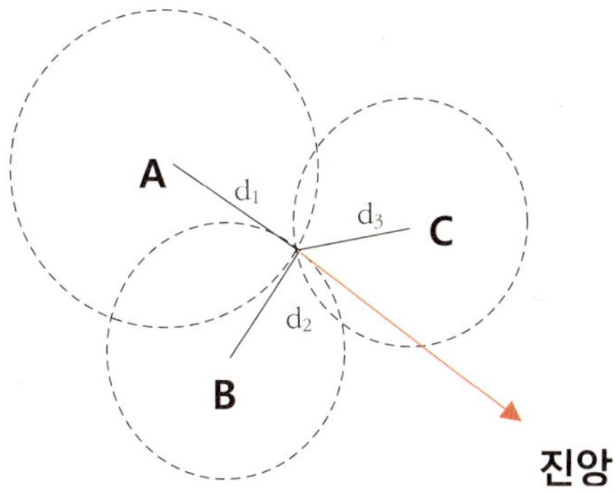

그림 4-6 진앙 구하는 법

3. 지진 규모와 영향

앞 절에서 지진의 발생을 이야기할 때 계속하여 사용되는 용어로 '규모'가 있다. 사실 그 규모는 리히터 규모를 말한다.

옛날부터 지진이 발생하면 그 피해의 정도와 사람들의 느낌을 바탕으로 그 지진의 크기를 측정하는 척도로 **'진도'**를 사용하였다. 지진의 피해를 최소화하기 위해 그동안 발생한 지진의 진도에 따라 건물의 구조를 설계하는 등 지진의 진도는 매우 중요하다. 같은 지진이라도 지역마다 다르게 측정되는 '진도'를 통일시키기 위해서 정량적인 척도가 필요하였다. 이를 위해 1935년 미국의 과학자 리히터(Charles Richer)가 정량적인 척도를 개발하였다. 그것을 리히터 규모(Richer magnitude scale) 또는 규모라고 한다. 이것을 설명하기 위하여 로그 함수(logarithm, log)의 이해가 필요하다.

로그(logarithm, log)는 스코틀랜드 수학자인 존 네이피어(John Napier, 1550~1617)가 큰 수들의 계산 특히 곱셈과 나눗셈을 간편하게 하기 위하여 만들어낸 함수이다. 이것은 복잡하고 큰 수들의 계산에 매우 유용하였기 때문에 여러 학문 분야 특히 천문학에서 많이 사용하였다. 별들의 거리 등 아주 큰 수들을 다루는 천문학에서는 매우 유용하여 이것의 발명은 천문학의 급속한 발전에 기여하였다. 로그의 사용은 천문학자들의 작업량을 줄여줌으로 천문학자들의 수명을 두 배로 늘려주었다고도 한다. 여하튼 로그의 탄생은 수많은 사람들에게 열렬한 환영을 받았다.

로그는 다음과 같이 정의한다.

a가 1이 아닌 양수일 때,

$$x = a^y \Leftrightarrow y = \log_a x$$

예를 들면 16 = 2^4를 log로 나타내면 4 = $\log_2 16$이다. 이는 어떤 수(밑수)의 거듭제곱으로 표현된 수를 그 수의 지수로서 나타내는 것이다. $x = a^y$에서 a를 밑수, y를 지수라고 한다. 이렇게 표현함으로 그 수들의 곱셈과 나눗셈을 간편하게 할 수 있다. 즉 곱셈과 나눗셈을 덧셈과 뺄셈으로 바꿀 수 있다. 이때 우리가 사용하고 있는 수는 십진법으로 표현된다. 십진법이란 10이 되면 한자리 위로 1만큼 올라가 표현하는 것이다. 그래서 $a = 10$일 때 $\log_{10} x$를 상시로 이용한다 하여 상용로그라고 한다. 이제 로그에서 곱셈과 나눗셈을 덧셈과 뺄셈으로 전환하는 방법을 소개한다.

$$x = a^t,\ y = a^s \text{ 에서 } xy = a^t a^s = a^{t+s}$$

이다. 이를 log를 이용하면

$$t = \log_a x,\ s = \log_a y \Rightarrow t + s = \log_a xy \Rightarrow \boldsymbol{\log_a x + \log_a y = \log_a xy}$$

$$x = a^t,\ y = a^s$$

에서

$$\frac{x}{y}=\frac{a^t}{a^s}=a^{t-s}$$

이다.

이를 log를 이용하면

$$t=\log_a x,\ s=\log_a y\ \Rightarrow\ t-s=\log_a(\frac{x}{y})\ \Rightarrow\ \log_a x-\log_a y=\log_a(\frac{x}{y})$$

로그는 복잡한 물리적 양을 간편하게 나타낼 수 있음으로 일상생활에서 접하는 수치들 중에 예를 들어 소리의 세기를 나타내는 데시벨, 수소이온의 농도 등에서 이용된다. 지진의 크기를 나타내는 리히터 규모에서도 로그가 이용된다.

지진의 강도를 나타내는 **리히터 규모(ML)**는 진앙거리 100km의 지점에서 지진계로 측정한 지진파의 최대 진폭에 의해서 정한다. 진폭이 1/1,000mm일 때를 0으로 하여 최대 진폭이 A마이크론(1마이크론=1/1,000mm)에 상용대수를 취함으로써 리히터 규모를 나타낸다. 그러므로 규모 4.0의 지진이 갖는 진폭은 리히터 규모 3.0의 지진보다 진폭이 10배 크다.

지진의 에너지는 피해를 주는 정도와 밀접한 관계가 있다. 지진에 의해 발생되는 에너지(E)는 진폭(A)의 증가에 비해 3/2 제곱만큼 많아진다. 그래서 규모가 1.0 만큼 차이나면 진폭은 10배 증가하고 에너지는 $\sqrt{10^3}$배 증가한다.

$\sqrt{10^3}=\sqrt{1000}=31.6\cdots$이다. 따라서 규모가 1.0 크면 에너지는 약 31.6배 증가한다. 규모가 2.0 차이를 보이면 1,000배의 에너지가 방출된다. 규모의 차와 방출되는 에너지의 차를 비교하면 다음과 같다.

규모의 차	진폭(배)	에너지(배)
1	10	$10^{3/2}$ = 31.6
2	10^2 = 100	10^3 = 1,000
3	10^3 = 1,000	$10^{9/2}$ = 31,622.7
4	10^4 = 10,000	$10^{12/2}$ = 1,000,000
5	10^5 = 100,000	$10^{15/2}$ = 31,600,000
6	10^6 = 1,000,000	$10^{18/2}$ = 1,000,000,000
7	10^7 = 10,000,000	$10^{21/2}$ = 31,622,700,000
8	10^8 = 100,000,000	$10^{24/2}$ = 1,000,000,000,000
9	10^9 = 1,000,000,000	$10^{27/2}$ = 31,600,000,000,000

표 4-3 규모의 차와 에너지 비교

위에서 설명한 규모와 진폭 그리고 진폭과 에너지 사이의 관계를 바탕으로 에너지(E)와 리히터 규모(ML) 사이에 다음 관계식을 얻을 수 있다.

$$\log E = 11.8 + 1.5ML$$

리히터 규모에 따라 발생하는 에너지를 폭발력으로 나타내면 규모 1의 에너지는 TNT 32kg의 폭발력과 같다. 그 기준으로 앞에서(표 4-3) 언급한 규모의 차와 발생한 에너지의 차에 따르면 규모 1의 차이는 약 32배(=31.6)의 에너지 방출의 차이를 갖는다. 이것을 정리하면 다음의 표를 구한다.

규모	폭발력
1.0	TNT 32kg
2.0	TNT 1t
3.0	TNT 32t
4.0	TNT 1kt
5.0	TNT 32kt
6.0	TNT 1Mt
7.1	TNT 50Mt
8.0	TNT 1Gt
9.2	TNT 32Gt

표 4-4 규모와 폭발력

참고로 히로시마 원폭 리틀 보이는 TNT 20kt급이다.

이러한 폭발력을 가진 에너지에 의하여 일어나는 현상 즉, 사람의 반응과 피해 정도를 알아보자.

규모	영향 및 피해정도
0~2.9	지진계에서만 탐지 가능
3~3.9	땅이 조금 흔들리는 정도를 느낌
4~4.9	실내의 물건이 흔들림을 관찰, 심각한 피해는 주지 않음
5~5.9	견고하지 못한 건물이 피해를 줌
6~6.9	상당한 건물에 피해를 줌
7~7.9	땅이 심하게 흔들리고 대부분 건축물 파괴
8~8.9	땅이 뒤틀리고 물체가 공중으로 날아감
9 이상	땅이 넓게 갈라지며 완전 파괴

표 4-5 리히터 규모와 영향

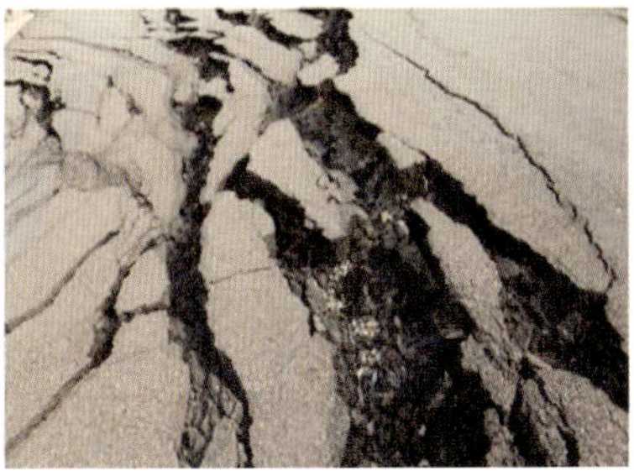

진도 9

진도 7.8

그림 4-7 지진 피해 모습

제 5 장

달력 속의 수학

제5장

달력 속의 수학

1. 시계

우리가 잠자리에서 일어날 때 가장 먼저 하는 일이 무엇일까? 사람마다 다를 수는 있지만 보편적으로 시계를 볼 것이다. 그러면서 하루의 일과를 생각하며 그에 맞는 행동을 취할 것이다. 이렇게 매일의 생활에서 빠뜨릴 수 없는 시계는 대표적인 수학의 산물이다. 이 시계가 어떻게 우리 인류에게 다가왔는지 그 역사를 통해 살펴보자.

1) 시계의 역사

인류의 최초의 시계는 기원전 4~3천년 경의 **'그노몬(gnomon)'**이라는 이집트의 해시계로 추정되고 있다. 그 시대 사회가 농경사회로 접어들면서 정확한 시간을 알아야 할 필요가 있었다. 그노몬은 농작물에 필수적인 햇빛을 이용하여 시간을 측정하는 매우 원시적인 형태였다. 지표면에 막대기를 세워 태양이 지나감에 따라 달라지는 막대기 그림자의 위치만 파악하는 정도였다.

그림 5-1 원시 해시계

그러나 날이 흐리거나 밤이 되면 해시계를 사용할 수 없으므로 대안으로 고안한 것이 물시계이다. 이것 또한 기원전 1400년 경 이집트에서 만들어졌으며 **'클렙시드라(clepsydra)'**라고 부르는 물시계이다. 클렙시드는 물 항아리를 의미하며, 그것은 물 항아리 아래 구멍을 뚫어 채운 물이 흘러나온 양으로 시간을 측정하도록 되어 있다. 이것 역시 매번 물을 채워야하는 불편한 점이 있어 이를 해소하기 위해 뒤집을 수 있도록 고안한 것이 모래시계이다. 이러한 해시계, 물시계, 그리고 모래시계는 중국과 인도에서도 널리 사용되었다. 모래시계는 하루를 측정할 만큼의 모래 양을 채울 수 없으므로 이 역시 불편하기는 마찬가지였다. 그래서 편리한 시계를 만들기 위해 수많은 과학자들이 연구를 거듭하여 왔다. 과학이 발달하면서 새로운 물질과 원리를 이용하여 더 정확하고 세밀한 시계가 만들어지고 있다. 년대별로 서양의 기계 시계의 발전사를 알아보자.

1300년경 유럽에서 기계 시계 등장

1335년 밀라노에 최초의 공중시계(公衆時計) 설치

1364년 이탈리아의 돈티가 천문시계 발명

1370년 독일인 앙리 드빅이 추시계 발명

1500년경 독일인 P. 헨라인이 스프링으로 작동되는 휴대용 소형시계 발명

1582년 갈릴레오 갈릴레이가 진자의 계시성(計時性)이론 발견

1656년 네덜란드의 천문과학자 호이헨스가 시계의 시간조절기로 진자를 활용하였는데, 단진자로 작동하는 추시계를 나무상자에 넣고 벽에 걸 수 있도록 제작

1670년 영국의 W. 클레멘트는 대형괘종시계 제작

1676년 R. 훅이 현대 괘종시계에 사용되고 있는 앵커를 사용한 퇴각식 탈진기 발명

1715년 G. 그레이엄이 이 탈진기를 개량해 직진식 탈진기 발명

1722년 수은으로 된 보정진자 발명

1726년 J. 해리슨이 온도에 의해 진동주기가 바뀌지 않는 보정진자 발명

1755년 영국의 T. 머지가 휴대용 시계에서 사용하는 레버식 탈진기 발명

1926년 방수시계 등장

1957년 전지손목시계 등장

1958년 1월1일0시 원점으로 시간단위를 계속 더하여 가는 원자시(原子時)라는 2개의 시계 등장

1973년 쿼츠디지털시계(전자시계) 발명

1986년 C. E. 기욤이 인바(invar)라고 하는 합금을 발명하여 온도변화에 따른 시간의 오차가 거의 없는 시계 제작

그림 5-2 신라시대 해시계

2) 우리나라의 시계

조선시대 전까지 시계에 관한 기록들은 많이 알려져 있지 않다. 6세기 경 신라시대에 사용한 것으로 추정되는 반경 약 34cm, 두께 약 16.8cm의 원반 모양의 화강석으로 만들어진 해시계의 파편(그림 5-2)이 발견되었다.

그리고 **누각**(漏刻)이라는 물시계는 신라 성덕왕 17년(718년)에 처음으로 만들어졌고, 누각전이 설치되어 박사 6인, 사(史) 1인을 두었다고 삼국사기에 남아있다. 고려시대에는 시각을 알리는 큰 종이 충목왕 때 만들어졌다는 기록이 있다.

참고 우리나라 옛 시각과 띠는 다음과 같다.

12지신	띠	시간
子 (자)	쥐	23시~1시
丑 (축)	소	1시~3시
寅 (인)	범	3시~5시
卯 (묘)	토끼	5시~7시
辰 (진)	용	7시~9시
巳 (사)	뱀	9시~11시

12지신	띠	시간
午 (오)	말	11시~13시
未 (미)	양	13시~15시
申 (신)	원숭이	15시~17시
酉 (유)	닭	17시~19시
戌 (술)	개	19시~21시
亥 (해)	돼지	21시~23시

표 5-1 우리나라 옛 시각과 띠

조선시대 세종 때에는 여러 종류의 해시계가 만들어졌는데, 이 당시에 만들어진 해시계는 임진왜란 등을 거친 후 소실되어 남아있는 것이 거의 없다.

그림 5-3 조선 초기 해시계

해시계인 **앙부일구**(仰釜日晷)는 세종 때에 제작되기 시작하여 일본에까지 그 영향을 끼쳤다. 17세기 이전의 유물은 남아 있지 않지만 그 뒤의 것으로는 여러 가지 형태의 앙부일구가 남아 있다. 앙부일구의 내면에는 시각선 이외에도 13줄의 위선이 그려져 있어 절기를 나타낸다.

그림 5-4는 보물 845호로 지정되어 있는 조선 중기의 앙부일구이다.

시반면이 직경 35.2cm의 청동으로 만든 조선시대의 대표적인 해시계이다. **은상감**으로 시반과 절기선을 새겼다. 한양 북극고 37도 20분이 표시되어 있다.

그림 5-4 조선 중기의 앙부일구

참고 시계의 가운데가 솥 모양으로 오목하게 패어있고 이 솥이 하늘을 보고 있다고 하여 앙부일구라는 이름이 지어졌다.

조선시대에 들어오면서 1398년(태조7년)에 물시계인 **경루**라는 국가표준시계를 제작하였고, 1424년(세종 6년)에 장영실은 물시계 **경점지기**(更点之器)를 만들었다. 1434년에 이를 개량하여 스스로 시간을 알려 주는 물시계인 **자격루**(自擊漏)를 만들었다.

그림 5-5 자격루

자격루는 3단의 물통으로 구성되어 있는 자물동시계로, 그 원리는 마지막 단계에서 잣대가 물을 따라 올라가 일정한 높이에 이르면 미리 장전해 둔 쇠 알이 굴러 떨어지면서 종, 징, 북을 울려주는 것이다. 또한 시계 이상의 정교한 천문장치를 겸한 장영실의 **옥루**(玉漏)가 있었다.

이 밖에도 세종 때에는 여러 가지 다른 시계가 제작되었는데 그 가운데에는 **행루**(行漏)라는 휴대용 물시계도 있다.

처음 기계 시계가 우리나라에 소개된 것은 1631년(인조 9) 정두원(鄭斗源)이 명(明)나라에 사신으로 갔다가 자명종을 가지고 들어온 것이다. 그 이후 천문시계 등 기계시계가 발달하게 되었다.

3) 시간 측정

태양이 남중하여 다음 남중할 때까지를 **진태양일**(眞太陽日, true solar day)이라고 한다. 초창기의 시간 측정 방법들은 진태양일을 기준으로 하였다. 즉 땅위에 세운 막대기의 그림자가 가장 짧아지고 이튿날 다시 똑같은 상태가 될 때까지의 시간을 하루로 잡았다. 그러나 진태양일의 하루의 길이는 1년을 통해 많은 변화가 있다. 따라서 이 불편을 없애기 위해, 유럽에서는 18세기 중엽부터 19세기 말에 걸쳐 1년마다 평균을 내어 평균태양일(平均太陽日, mean solar day)을 정하고 이것을 24등분한 것을 시(hour), 시를 60등분하여 분(minute), 분을 60등분하여 초(second)로 하는 제도가 시작되었다. 또한 해시계를 고안한 이집트의 수메르 민족은 60진법을 사용하였다. 그 민족은 원의 각도를 360°로 잡았다. 그림 5-6처럼 원둘레에 점을 잡으면 원을 6등분 할 수 있다. 그 중심각이 60°이다. 이 또한 60진법에 알맞다.

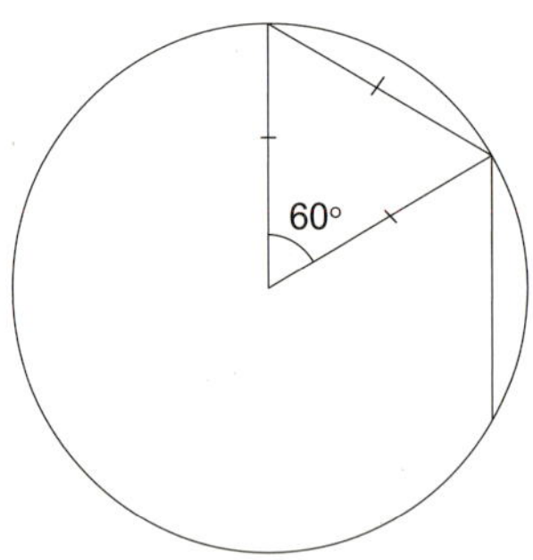

그림 5-6 60° 작도

2. 달력

사회가 농경사회로 접어들면서 정확한 시간의 필요성 때문에 시계가 만들어졌던 것처럼 옛날 사람들이 벼의 씨를 뿌리거나 수확의 시기를 알기 위해 달력이 탄생되었다. 처음에는 달을 중심으로 보통 보름달이 뜨는 날부터 다음 보름달이 뜨는 날까지를 1개월로 정하여 달력이 시작되었다. 태양의 움직임을 중심으로 하는 태양력은 고대 이집트에서 맨 처음 사용되기 시작하였다.

1) 달력의 역사

고대 이집트에서 사용하기 시작한 태양력은 고대 로마시대에 구체화되기 시작하였다. 처음 태양력은 춘분을 시작으로 하여 1년이 10개월로 구성되어 있었다. 즉, 1년이 304일인 셈이다. 지구가 태양 주위를 한 번 회전하는데 걸리는 시간과의 차이 때문에 날 수 계산에 어려움이 있어 기원전 710년경 로마 황제인 누마 폼페이우스는 1월 앞에 2개월을 추가해 1년을 12개월로 정함으로써 총 날 수가 355일인 **누마(Numa)력**으로 개력하였다. 그러나 이 달력 역시 지구의 공전주기와 11일 정도 차이가 나서 가을에 있어야 할 추수 감사절이 여름에 있는 경우가 생겨 불편을 겪게 되었다. 이러한 불편을 해소하기 위하여 기원전 46년에 알렉산드리아의 천문학자인 소시게네스의 조언으로 로마황제 쥴리우스 시저(Juliius Caesar, BC100~44)는 1년을 365일로 하는 쥴리우스력(Julian Calender)을 만들었다.

쥴리우스력(Julian Calender)의 주요 내용은 다음과 같다.

1. 홀수인 달을 31일로 하고, 2월은 29일 그 외 짝수인 달은 30일로 구성
2. 지구의 공전주기를 365.25로 잡아 4년마다 윤년으로 하고 2월을 30일로 함
3. 7월을 쥴리우스 황제의 생일 달의 의미로 쥴리(July)로 개명
4. 개력 당시 계절과 달력의 날짜 차가 3개월이므로 이를 메꾸기 위하여 첫 해 2달의 윤달을 넣어 445일로 함

그 후 로마 황제 아우구스투스(Augustus)가 쥴리우스력을 다음과 같이 일부 변경하였다.

1. 트라키아와 아크림 전투에서 승리와 그의 생일을 기념하기 위해 8월의 명칭을 아우구스투스(Augustus)로 변경.
2. 황제인 자신의 달이 다른 달보다 작으면 황제의 권위가 서지 않는다면서 2월에서 하루를 떼어와 31일의 큰 달로 변경. 즉 2월은 28일 그리고 8월은 31일이 됨.
3. 1월에서 7월까지는 홀수인 달이 큰 달이 되고, 8월부터 12월까지는 짝수 달이 큰 달이 됨.

이 쥴리우스력은 1,500여 년 동안 유럽의 여러 나라에서 쓰이게 되었다. 처음부터 달력 제작에 참여한 학자들이 지구의 공전주기와 년 365.25일은 약간의 오차가 있음을 감지했던 것이 오랜 시간이 지날수록 문제점으로 야기 되었다.

실제 지구의 공전주기는 365.2422일인데 쥴리우스력은 365.25일로 계산하여 0.0078일 길게 잡았다. 0.0078일을 분으로 환산하면

$$24 \times 60 \times 0.0078 = 11.242(\text{분})$$

이 되고, 1일은 1,440분이므로 이를 11.242분으로 나누면

$$1{,}440(\text{분}) \div 11.242 = 128.091087(\text{년})$$

이 된다. 즉 1백 28년이 지날 때마다 태양년의 길이가 실제보다 하루씩 더 길어지게 된다. 이 때문에 춘분날이 128년마다 하루씩 앞당겨지게 돼, 로마 법왕 그레고리 13세(Gregorian 13, 1502~1585)때인 1582년에 춘분날은 3월 11일로 본래의 위치에서 이미 10일이나 크게 앞당겨져

있었고 이는 종교적으로 큰 문제였다.

그림 5-7 그레고리 13세

부활절은 춘분날 후 첫 번째 오는 보름을 지나 첫 번째 일요일이고, 만일 첫 번째 오는 보름날과 일요일이 겹치면 다음 주 일요일이다. 그러므로 달력의 오차로 춘분날이 앞당겨지면 부활절도 앞당겨지게 된다. 그레고리 13세는 부활절을 본래 정했던 날로 되돌려 놓기 위해서 윤년의 횟수를 조정하여 달력을 변경하였다.

이 변경된 달력을 **그레고리력**이라고 하며 현재 전 세계가 쓰고 있는 달력이다. 우리나라도 고종 31년(1894년)에 이 달력을 도입하여 현재까지 사용하고 있다.

그레고리력의 중요한 내용은 다음과 같다.

1. 서기 연도가 4의 배수 년이면 윤년 즉 2월을 29일로 함.
2. 1 중에서 100의 배수 년은 평년 즉 2월을 28일로 함.
3. 2 중에서 400의 배수 년은 윤년으로 함.
4. 1582년 10월 4일(월)의 다음날을 1582년 10월 15일(금)로 변경. 1582년 10월 5일부터 10월 14일까지는 세상에 존재 하지 않음. 즉 10일을 당김으로 그 해 일 년은 355일이 됨. 요일은 그대로 맞춤.

예를 들어 1896년은 윤년, 1900년은 평년, 2000년은 윤년이다.

따라서 그레고리력의 1년은 평균 365.2425일이 된다. 이것은 지구의 공전주기 365.2422일보다 0.0003일 길다. 0.0003일을 분으로 환산하면

$$24 \times 60 \times 0.0003 = 0.432(\text{분})$$

이 되고, 1일은 1,440분이므로 이를 0,432분으로 나누면

$$1,440(\text{분}) \div 0.432(\text{분}) = 3333.333333(\text{년})$$

이 된다. 즉, 3,333년이 지날 때마다 그레고리력의 길이가 실제보다 하루씩 더 길어지게 된다. 이 정도 차이는 사용에 크게 어려움이 없어 그레고리력을 현재까지 사용하고 있다.

2) 우리나라의 달력

우리나라는 조선 세종 때에 자체적으로 만든 달력인 **칠정산**(七政算)이 나오기 전까지는 중국의 달력을 사용하였다. 칠정산은 중국의 달력인 수시력과 대통력 그리고 아라비아의 달력인 회회력(回回曆)을 참고하여 우리 실정에 맞도록 만든 것이다. 칠정은 수성, 금성, 화성, 목성, 토성, 해, 달을 의미한다. 칠정산으로 한양의 일출 및 일몰 시각과 주야의 길이를 구하고, 또한 한양의 지방시를 구하였다.

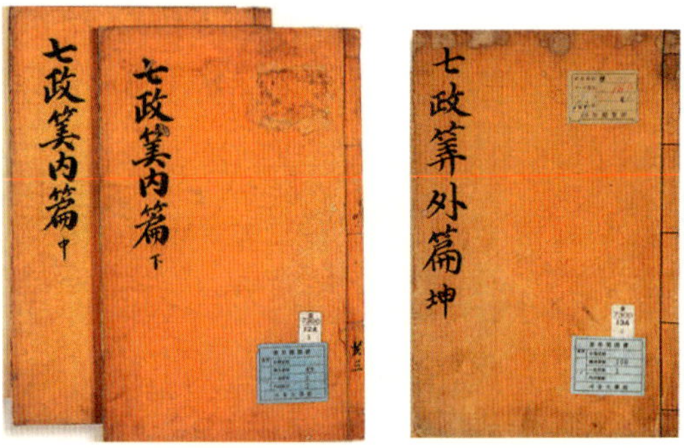

그림 5-8 칠정산

칠정산은 내·외편으로 구성되어 있으며 내편은 날짜, 24절기, 한양의 일출·일몰 시각 등을 구하는데, 외편은 일식·월식을 예보하는데 사용하였다. 그 후 중국의 달력과 병행하여 사용하여 왔다. 서양의 그레고리력은

고종 31년(1894년) 우리나라에 도입되었으며 현재까지 사용되고 있다.

3) 요일의 계산

달력(calendar)이라는 말은 공표(proclamation)라는 라틴어에서 유래되었다. 로마 사제들이 새로운 초승달이 하늘에 나타나는 밤을 새로운 달의 시작일로 공표했기 때문이다. 이것이 **태음력(lunar calendar)**인데, 여기서 'lunar'라는 단어는 「달」을 뜻하는 라틴어에서 왔다.

년, 월, 일은 다음 세 가지 천체운동의 주기에서 만들어진다.

년(年)은 지구가 태양 주위를 한 바퀴 완전히 도는데 걸리는 시간
월(月)은 보름달과 다음 보름달 사이의 시간
일(日)은 해가 남중했다가 다음 남중할 때까지의 시간

요일에 대한 호칭은 유대인들이 7일에 한 번씩 축제를 연 7일의 주기에 안식일(지금의 토요일)로부터 세어 몇 번째 날이라고 이름을 붙인 것이 요일제의 시작이다. 오늘날의 형태는 로마인이 서기 4세기경 7일제의 주를 쓰면서 요일에 대한 호칭으로 태양(일), 달(월), 화성, 수성, 목성, 금성, 토성을 나타내는 여러 신들의 이름을 붙인 것이다.

이렇게 붙여진 요일을 보며 2020년 1월 1일은 무슨 요일일까? 라는 의문을 가진다. 여기서 자연적 주기인 지구의 공전주기 또는 달의 공전주기와 다른 인위적 주기인 요일에 대한 계산법을 소개한다. 이를 위해 관련된 수학 용어를 먼저 소개한다.

임의의 실수 x에 대하여 x보다 크지 않은 정수 중에서 가장 큰 정수를 **가우스 기호 [ ]**를 사용하여 $[x]$로 나타내며 **가우스 값**이라고 한다.

$$[x] \le x < [x]+1 \Leftrightarrow x-1 < [x] \le x$$

예를 들면 $[2.34]=2$, $[-3.4]=-4$ 이다.

정수 n, m에 대하여 n을 m으로 나누면 몫 q와 나머지 r이 항상 유일하게 존재한다. 이 때 r은 $0 \le r < |m|$ 을 만족해야 한다. 이를 정수의 **나눗셈 정리**라고 한다. 식으로 적어보면 다음과 같다.

$$n = mq + r,\ 0 \le r < |m|. \cdots ①$$

여기서 살펴보면 몫 q는 $0 < mk \le n$인 m의 배수 mk의 개수이다.

① 식 양변을 m으로 나누어 보면 $\frac{n}{m} = q + \frac{r}{m}$, $0 \le \frac{r}{m} < \frac{m}{m} = 1$이다.

그래서 $\left[\frac{n}{m}\right] = q$ 임을 알 수 있다.

위의 사실을 요약하면 m, n이 양의 정수인 경우 몫 $q = \left[\frac{n}{m}\right]$는 n보다 작은 양의 정수 중 m의 배수의 개수임을 얻을 수 있다.

예를 들어 $n=22$, $m=4$이면 몫 $q=5$, 나머지 r은 2이다. 그리고 $m=4$의 배수는 $4, 8, 12, 16, 20$이므로 4의 배수는 5개이다. 또한 $\left[\frac{22}{4}\right]=5$ 이므로 몫, 4의 배수의 개수, 가우스 값이 모두 같음을 알 수 있다.

달력 속에서 요일 찾는 법을 알아보자. 1년 1월 1일은 월요일로 시작하여 이루어진다. 7일이 지난 1월 8일이면 다시 월요일이 된다. 또 7일이 지나면 다시 월요일이 된다. 즉, 7일 주기로 요일이 같아짐을 알 수 있다. 그래서 날짜수를 더하여 7로 나눈 나머지와 요일의 상관관계를 얻을 수 있다.

날짜 수를 7로 나눈 나머지	요일
1	월
2	화
3	수
4	목
5	금
6	토
0	일

표 5-2 요일 표

그러면 1년 12월 31일은 365일의 날짜 수가 365일이므로 7로 나누면 나머지가 1이므로 월요일이다. 그래서 2년 1월 1일은 화요일이고, 그 해 12월 31일은 365일×2이므로 날짜 수가 730일이어서 7로 나누면 나머지가 2이다. 그래서 그 날은 화요일이다. 여기서 1년이 지나면 요일이 하나씩 이동함을 알 수 있다. 그러나 윤년이 되면 요일 두 자리가 이동한다. 그리고 100년의 배수는 한자리, 400년의 배수는 윤년이므로 두 자리 이동한다. 이러한 이동을 모두 더하여 7로 나눈 나머지에 해당하는 요일이 구하고자 하는 날의 요일임을 알 수 있다. x년 1월 y일의 요일을 구하는 식은 다음과 같다.

$$S = x - 1 + \left[\frac{x-1}{4}\right] - \left[\frac{x-1}{100}\right] + \left[\frac{x-1}{400}\right] + y$$

$$S = 7q + r, \quad 0 \le r < 7$$

r에 해당하는 요일이 구하고자 하는 요일이다. 예를 들어 앞에서 제시한 2020년 1월 1일의 요일을 구해 보자.

$x = 2020$, $y = 1$이다. 그래서

$$S = 2020 - 1 + \left[\frac{2019}{4}\right] - \left[\frac{2019}{100}\right] + \left[\frac{2019}{400}\right] + 1$$

$$= 2019 + 504 - 20 + 5 + 1 = 2509$$

$$2509 = 7 \times 358 + 3$$

나머지가 3이므로 2020년 1월 1일은 수요일이다. 여기서 2020년 3월 2일이라면 y 값만 달리 대입하면 된다. 1월 1일부터 3월 2일까지 날짜 수는 1월이 31일, 2월이 29일 그리고 3월의 2일을 더하여 62일을 y에 대입하여 풀면 된다. 그러면 월요일이다.

3. 달력 속의 수 배열

앞 절에서 보았던 것처럼 7의 주기로 날짜가 배열되어 있다. 즉 같은 달의 같은 요일의 날짜는 공차가 7인 등차수열임을 알 수 있다. 예를 들면

1 8 15 22 29

이다.(그림 5-9 참조)

초항이 a_1, 공차가 d 그리고 항의 수가 n인 **등차수열**

$$a_1,\ a_2,\ \cdots,\ a_n$$

에서 $a_n = a_1 + (n-1)d$이고 합은 $S_n = \frac{n}{2}(2a_1 + (n-1)d)$이다.

또한 $S_n = n(\frac{a_1 + a_n}{2})$ 이다.

2014 1월

월	월	화	수	목	금	토
			1	2	3	4
5	6	7	8	9	10	11
12	13	14	15	16	17	18
19	20	21	22	23	24	25
26	27	28	29	30	31	

그림 5-9 달력

이 등차수열의 성질을 이용하면 달력에서 다음과 같은 성질을 발견할 수 있다. 그림 5-9의 음영 부분의 수들을 생각하면 각 행(가로)의 합은 중간 수의 3배 그리고 각 열(세로)의 합도 중간 수의 3배이다. 그 이유는 각 행은 공차 1인 등차수열이고 각 열은 공차 7인 등차수열이므로 등차중항을 생각하면 된다. 수열 a, b, c가 공차 d인 등차수열일 때 b를 a와 c의 **등차중항**이라 한다. 또한 $a=b-d$, $c=b+d$라고 적을 수 있다. 그러면 $a+c=(b-d)+(b+d)=2b$이므로 $a+b+c=3b$이다. 즉 등차수열인 세 수의 합은 중간 수의 3배이다.

또한 각 행에서 같은 열에 있지 않은 수를 한 개씩 선택하면 그 세 수의 합은 음영 사각형의 가운데 수인 16의 3배이다. 어떠한 3개의 행과 3개의 열로 이루어진 사각형(3×3)을 잡아도 같은 성질을 가진다. 그 이유는 위의 성질을 만족하도록 각 행에서 수를 선택하면 그 중 하나는 그 행의 중간 수이고 나머지 수 중 하나는 그 행의 중간 수에서 -1을 다른 하나는 그 행의 중간 수에서 $+1$을 한 수가 되기 때문이다. 그러므로 선택한 세 수의 합은 각 행의 중간 수들의 합과 같다. 다음의 표 5-3을 참고하자.

$a-1$	a	$a+1$
$b-1$	b	$b+1$
$c-1$	c	$c+1$

표 5-3 사각형(3x3)

표 5-3에서 보듯이 첫 번째 행에서 중간 수 a를 선택하면 두 번째 행에서는 $b-1$ 또는 $b+1$을 만약 $b-1$을 선택하면 세 번째 행에서는 $c+1$을 선택해야 한다.

첫 번째 행	두 번째 행	세 번째 행	합
$a-1$	b	$c+1$	$a+b+c$
$a-1$	$b+1$	c	$a+b+c$
a	$b-1$	$c+1$	$a+b+c$
a	$b+1$	$c-1$	$a+b+c$
$a+1$	b	$c-1$	$a+b+c$
$a+1$	$b-1$	c	$a+b+c$

표 5-4 사각형(3×3)에서 선택 경우

a, b, c가 등차수열을 이루므로 세 수의 합은 중간 수 b의 3배이다.

4개의 행과 4개의 열로 이루어진 사각형(4×4 사각형)을 생각하자.

	1열	2열	3열	4열
1행	5	6	7	8
2행	12	13	14	15
3행	19	20	21	22
4행	26	27	28	29

⟷

a	$a+1$	$a+2$	$a+3$
$b-1$	b	$b+1$	$b+2$
$c-2$	$c-1$	c	$c+1$
$d-3$	$d-2$	$d-1$	d

표 5-5 사각형(4×4 사각형)

각 행에서 같은 열에 있지 않은 수를 한 개씩 선택하면 그 네 수의 합은 첫 번째 행의 첫 번째 열의 수와 네 번째 행의 네 번째 열의 수의 합의 2배와 같다. 사실 첫 번째 행의 두 번째 열의 수와 네 번째 행의 세 번째 열의 수의 합의 2배 그리고 첫 번째 행의 세 번째 열의 수와 네 번째 행의 두 번째 열의 수의 합의 2배와도 같다.

각 행에서 같은 열에 있지 않은 수를 한 개씩 선택하는 경우의 수는 24가지이다. 그 이유는 첫 번째 행에서 한 개의 수를 선택하는 방법은 4가지 그 다음 두 번째 행에서 한 개를 선택할 때 첫 번째에서 선택한 수의 열에서는 선택하지 않아야 함으로 그 방법은 3가지이다. 같은 방법으로 생각 해 보면 세 번째 행에서 선택하는 방법은 2가지 그리고 네 번째 행에서는 1가지이다. 첫 번째 행에서 선택한 수마다 두 번째 행 세 번째 행 네 번째 행에서 선택하는 방법은 6가지이다. 표 5-5에서 보면 첫 번째 행에서 a, $a+1$, $a+2$, $a+3$이 각각 선택되는 경우는 6가지임을 알 수 있다.

또한 a, b, c, d는 공차 8인 등차수열을 이룬다. 그래서 a, $a+8$, $a+16$, $a+24$로 적을 수 있고 이들의 합은 $4a+48$이 된다. $4a+48=2(a+(a+24))$이므로 $2(a+d)$가 된다. 표 5-4에서 각 행에서 같은 열에 있지 않도록 수를 한 개씩 선택하여 더하면 68이 된다. 이것은 5와 29의 합의 2배이다.

첫 번째 행	두 번째 행	세 번째 행	네 번째 행	합
a	b	c	d	$a+b+c+d$
a	b	$c+1$	$d-1$	$a+b+c+d$
a	$b+1$	$c-1$	d	$a+b+c+d$
a	$b+1$	$c+1$	$d-2$	$a+b+c+d$
a	$b+2$	$c-1$	$d-1$	$a+b+c+d$
a	$b+2$	c	$d-2$	$a+b+c+d$
$a+1$	$b-1$	c	d	$a+b+c+d$
$a+1$	$b-1$	$c+1$	$d-1$	$a+b+c+d$
$a+1$	$b+1$	$c-2$	d	$a+b+c+d$
$a+1$	$b+1$	$c+1$	$d-3$	$a+b+c+d$
$a+1$	$b+2$	$c-2$	$d-1$	$a+b+c+d$
$a+1$	$b+2$	c	$d-3$	$a+b+c+d$
$a+2$	$b-1$	$c-1$	d	$a+b+c+d$
$a+2$	$b-1$	$c+1$	$d-2$	$a+b+c+d$
$a+2$	b	$c-2$	d	$a+b+c+d$
$a+2$	b	$c+1$	$d-3$	$a+b+c+d$
$a+2$	$b+2$	$c-2$	$d-2$	$a+b+c+d$
$a+2$	$b+2$	$c-1$	$d-3$	$a+b+c+d$
$a+3$	$b-1$	$c-1$	$d-1$	$a+b+c+d$
$a+3$	$b-1$	c	$d-2$	$a+b+c+d$
$a+3$	b	$c-2$	$d-1$	$a+b+c+d$
$a+3$	b	c	$d-3$	$a+b+c+d$
$a+3$	$b+1$	$c-2$	$d-2$	$a+b+c+d$
$a+3$	$b+1$	$c-1$	$d-3$	$a+b+c+d$

표 5-6 사각형(4×4 사각형)에서 선택 경우

등차중항을 이용하는 다른 경우를 생각해 보자. 달력에서 같은 행에서 연속한 수를 홀수 개 선택하면 3개, 5개, 7개가 될 수 있다. 등차중항을 이용하면 각 경우에서 수들의 합과 중간 수와의 관계를 생각해 볼 수 있다. 연속한 수가 3개인 수열에서는 수들의 합이 중간 수의 3배, 5개인

수열에서는 합이 중간 수의 5배, 7개인 수열에서는 합이 중간 수의 7배가 된다.

등차수열의 합의 공식을 이용하여 주어진 등차수열의 합을 구할 수 있다.

달력에서

$$5 \quad 6 \quad 7 \quad 8 \quad 9 \quad 10 \quad 11$$

은 초항이 5이고 공차가 1인 등차수열을 이룬다. 그러므로 합은

$$S_7 = \frac{7}{2}(2\times5+(7-1)\times1) = \frac{7}{2}\times16 = 56$$

또는

$$\frac{(\text{초항 } 5)+(\text{말항 } 11)}{2}\times(\text{항의 수 } 7) = 56$$

이다.

또 다른 예

$$13 \quad 14 \quad 15 \quad 16$$

에서 합은 $\frac{13+16}{2}\times4=58$이다.

4. 절기

앞에서도 언급한 것처럼 농경사회에서 필요성에 의하여 달력이 만들어졌다. 달의 삭망이 15일 주기로 변하기 때문에 달을 중심으로 만들어진

음력은 해를 중심으로 만들어진 양력보다 하루하루 생활하는 데 훨씬 편리하였다. 그러나 달이 지구를 공전하는 데 걸리는 시간은 354일이고, 지구가 태양을 공전하는 데 걸리는 시간은 365일로 서로 11일의 차이가 남으로 계절의 변화에는 잘 맞지 않았다. 달의 움직임에 따른 일조량, 강수량, 기온 등을 고려하여 농사를 짓는 데에 불편함이 따랐다. 이러한 불편을 해소하기 위하여 태양을 중심으로 절기를 만들었다. 그 당시의 사람들은 태양이 지구의 둘레를 돈다고 여기고 있었으므로 하늘 즉, 천구에서 태양의 운행 길을 **황도**라고 하였다. 이 황도가 그리는 원 둘레를 24등분하여 **절기**를 만들었다. 그러면 1등분이 이루는 중심각은

$$\frac{360^\circ}{24} = 15^\circ$$

이다. 즉, 태양이 황도(黃道)를 따라 15°씩 돌 때마다 절기의 이름을 붙었다. 절기의 이름은 중국 주(周)나라 때 화북 지방의 기상과 동식물의 변화에 맞추어 붙인 이름으로 전해지고 있다. 태양의 황경이 0°인 날을 춘분으로 하여 15° 이동했을 때를 청명 등으로 구분해 15° 간격으로 24절기를 나눈 것이다. 따라서 90°인 날이 하지, 180°인 날이 추분, 270°인 날이 동지이다. 지금의 지동설 즉 지구가 태양 주위를 돈다고 해도 절기의 개념에는 아무런 영향을 주지 않는다.(그림 5-10 참조)

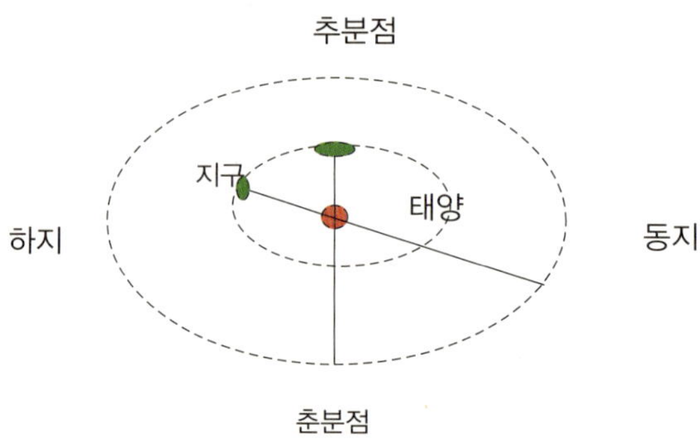

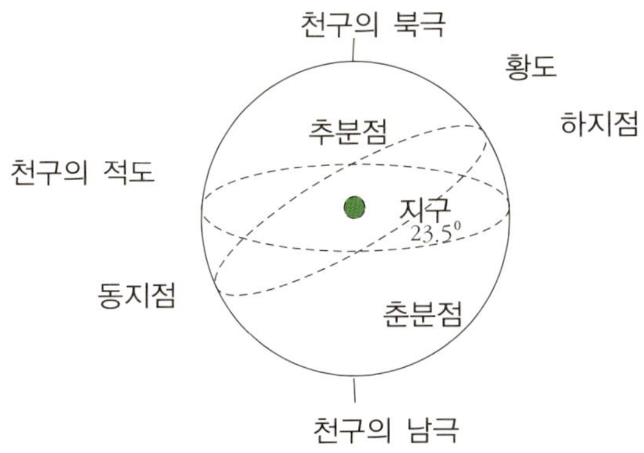

그림 5-10 천구

절기는 양력으로 매월 4~8일 사이와 18~24일 사이에 생긴다.

황경	절기	양력	황경	절기	양력
봄			여름		
315°	입춘(立春)	2/4 ~ 5	45°	입하(立夏)	5/5 ~ 6
330°	우수(雨水)	2/18~19	60°	소만(小滿)	5/21~22
345°	경칩(驚蟄)	3/5 ~ 6	75°	망종(芒種)	6/5 ~ 6
0°	춘분(春分)	3/20~21	90°	하지(夏至)	6/21~22
15°	청명(淸明)	4/4 ~ 5	105°	소서(小暑)	7/7 ~ 8
30°	곡우(穀雨)	4/20~21	120°	대서(大暑)	7/22~23
가을			겨울		
135°	입추(立秋)	8/7 ~ 8	225°	입동(立冬)	11/7 ~ 8
150°	처서(處暑)	8/23 ~24	240°	소설(小雪)	11/22~23
165°	백로(白露)	9/7 ~ 8	255°	대설(大雪)	12/7 ~ 8
180°	추분(秋分)	9/23 ~24	270°	동지(冬至)	12/21~22
195°	한로(寒露)	10/8 ~ 9	285°	소한(小寒)	1/5 ~ 6
210°	상강(霜降)	10/23~24	300°	대한(大寒)	1/20 ~21

표 5-7 절기

기상상태와 동식물의 변화에 맞추어 지은 절기의 이름의 유래는 다음과 같다.

절기	기상상태와 동식물변화
입춘(立春), 우수(雨水)	동풍이 불어서 언 땅이 녹는다. 땅 속에서 잠자던 벌레들이 움직인다. 물고기가 얼음 밑을 돌아다닌다. 기러기가 북으로 날아간다. 초목에서 싹이 튼다.
경칩(驚蟄), 춘분(春分)	복숭아꽃이 핀다. 꾀꼬리가 울며, 제비가 날아온다.
청명(淸明), 곡우(穀雨)	오동(梧桐)이 꽃핀다. 산비둘기가 깃을 턴다. 뻐꾸기가 뽕나무에 내려앉는다.
입하(立夏), 소만(小滿)	청개구리가 울고 지렁이가 나온다. 씀바귀가 뻗어 오른다. 냉이가 죽고 보리가 익는다.
망종(芒種), 하지(夏至)	왜가리가 울기 시작한다. 사슴의 뿔이 떨어진다. 매미가 울기 시작한다.
소서(小暑), 대서(大暑)	더운 바람이 분다. 귀뚜라미가 벽에 다니며, 매가 사나워진다. 썩은 풀이 화하여 반딧불이가 된다. 흙이 습하고 더워지며, 때로 큰 비가 내린다.
입추(立秋), 처서(處暑)	서늘한 바람이 분다. 이슬이 내린다. 귀뚜라미가 울고 매가 새를 많이 잡는다. 벼가 익는다.
백로(白露), 추분(秋分)	기러기가 날아오고, 제비가 돌아간다. 물이 마르기 시작한다.
한로(寒露), 상강(霜降)	국화가 노랗게 피고, 초목이 누렇게 낙엽이 진다. 동면할 벌레들이 땅 속으로 들어간다.
입동(立冬), 소설(小雪)	물과 땅이 얼기 시작한다.
대설(大雪), 동지(冬至)	범이 교미(交尾)를 시작한다. 고라니의 뿔이 떨어지고 샘물이 언다.
소한(小寒), 대한(大寒)	기러기가 북으로 돌아간다. 까치가 깃을 치기 시작하며, 닭이 알을 품는다. 물과 못이 두껍고 단단하게 언다.

표 5-8 절기의 유래

옛날부터 지켜오는 날들 중 절기가 아닌 것들이 있다. 조상들은 달과 일이 겹치는 날을 양기가 센 날이라 하여 길일(吉日)로 생각하여 왔다. 예를 들어 음력 3월 3일(삼월삼진), 음력 5월 5일(오월단오), 음력 7월 7일(칠월칠석)이다. 그 중 음력 5월 5일을 단오라 하여 큰 명절로 지내 왔다. 그리고 동지로부터 105일째 되는 날인 한식, 7월 11일부터 7월 19일 사이가 되는 초복, 10일 후인 중복 그리고 말복 등도 절기가 아니다. 여기서 중복과 말복의 간격은 해마다 일정하지 않다.

제 6 장

비둘기집 원리

제6장

비둘기집 원리

1. 유추하는 방법

인간은 물건을 세기 위하여 자연수를 생각하였다. 그래서 자연수를 이용하여 물건의 개수를 세어왔다. 그러나 물건의 개수가 많아지면(?) 셀 수 있다 하더라도 시간적 공간적 한계를 느낀다. 그래서 직접 세지 않더라도 그 양을 유추하는 방법을 생각하게 되었다.

우리는 가끔 재미있는 사실을 생각한다. '대구에 사는 사람들 중에 머리카락의 수가 같은 사람이 있을까?'라는 의문을 가진다. 이 의문을 해결하기 위하여 대구에 사는 모든 사람의 머리카락을 세어 보아야 할 것이다. 그러나 대구의 인구가 약 250만이 됨으로 한 사람 한 사람 머리카락을 세어본다는 것은 가능하겠지만 엄청난 시간과 노력이 필요할 것이다. 더욱이 보통 사람의 머리카락 수가 약 15만개가 된다고 하니 더욱 힘들 것이다. 머리카락 모두를 세는데 얼마나 많은 시간이 드는지 계산해 보자. 일초에 머리카락 하나씩 센다고 하자. 그러면 1시간이 3,600초이고 총 인구와 1인당 머리카락 수를 곱하면 250만×15만이면 3,750억이다.

$$375{,}000{,}000{,}000(\text{명}) \div 3600(\text{초}) = 104{,}166{,}667(\text{시간})$$

약 1000만 명이 10시간이상 세어야 한다. 즉, 100만 명이라는 사람이 100시간이상 세어야 한다. 이 일에 이렇게 많은 인력과 시간을 소비하려고 시도하는 사람은 없을 것이다. 사실 이러한 종류의 의문은 곳곳에서 발견된다. 그러면 위와 같은 의문은 의문인 체 넘어가야 하는가?

위의 의문에 우리는 머리카락 수가 같은 사람이 누구인지는 알 수 없어도 적어도 같은 사람이 존재한다는 것을 다음과 같이 유추할 수 있다. 먼저 평균 한 사람의 머리카락 수가 15만개 이므로 아무리 특이한 사람이라도 머리카락 수가 200만개를 넘지 않을 것이다. 그러면 머리카락 0개부터 200만개까지 각 숫자에 해당하는 머리카락을 갖는 사람이 한 명씩 있다하더라도 200만 명밖에 해당되지 않는다. 그러면 나머지 50만 명은 머리카락 수가 0개에서 200만개 사이의 어느 하나에 해당 될 것이다. 그렇게 되면 머리카락 수가 같은 사람이 존재하게 되는 것이다.

실생활에서 일어날 수 있는 몇 가지 예를 들어 보자. 서랍 속에 10짝의 장갑을 넣어 놓았다. 외출하려고 서랍에서 맞는 짝의 장갑을 찾으려고 할 때, 갑자기 정전이 되었다. 불을 킬 여유가 없을 때 어떻게 하여 맞는 짝의 장갑을 찾아 외출할 수 있을까? 그의 답은 11개의 장갑을 집으면 되다. 그러면 그 속에 항상 맞는 짝의 장갑이 있어 외출할 수 있을 것이다. 이 역시 위의 의문을 해결한 원리와 똑같은 것이다.

또 다른 예를 들어 보자. 한 반의 학생 수가 36명이다. 보고서 풀이를 위하여 7개 조를 짜려고 한다. 이때도 6명 이상의 조가 반드시 존재한다. 이유는 다음과 같다. 만약 6명이상의 조가 없다고 하면, 즉 한조에 학생 수가 5명 이하이다. 그러면 7개 조의 학생을 모두 합쳐도 35명을 넘지 못한다. 그러면 총 학생 수가 36명이라는 것에 모순이다. 그러므로 6명 이상의 조가 반드시 존재한다.

물건을 생산할 때 실수요자보다 많은 물건을 생산하면 재고가 생긴다는 것도 같은 원리이다. 이러한 존재성을 보일 필요가 있을 때 이 원리가 많이 이용된다. 이 원리를 **'비둘기집의 원리'**, **'서랍 원리'** 또는 **'디리클레의 방 나누기 원리'**라고 부른다.

2. 비둘기집 원리의 유래

비둘기집 원리는 1834년 독일의 수학자 디리클레(Dirichlet)가 수 체계에 대한 이론을 전개하면서 이용한 원리로서 "Schubfachprinzip"라는 용어로 처음 사용하였다. 그 뜻은 **"미닫이창의 원리"**이다. 그러나 이 원리가 특별한 이름으로 불리어지지는 않았다. 1905년 바흐만이 "Verlesungen uber Zahleheorie"의 5장에서 이 원리를 언급하면서 디리클레에 의한 것이라고 언급하였다. 그 후 이 원리는 디리클레의 서랍 원리로 불리어졌다. 또한 정수론을 연구하는 많은 학자들이 이 원리를 미닫이창의 원리로 많이 사용하였다. 1940년대에 와서 영어로 비둘기집의 원리로 불리어졌다. 처음에는 애매한 표현으로 기술되었으나 1965년 밀너(Milner)와 라도(Rado)의 논문 "The Pigeon-hole Principle for Ordinal Numbers"에서 완성된 비둘기집의 원리를 설명하고 있다.

그림 6-1 비둘기집

이 원리에 대해 비둘기집이라는 용어를 택할 당시 서양에서는 편지를 원통형으로 말아서 사용하였다. 그리고 이 편지들을 보관하는 보관함들이 각 집마다 서재의 한 편에 놓여 있었다. 이 보관함들은 여러 개의 원통형 구멍으로 칸들이 만들어져 있었다. 그 모양이 비둘기집처럼 보인다고 하여 비둘기집이라고 불렀다.

이 편지함이 10개의 구멍을 가지고 있고 편지가 도착할 때마다 순서대로 구멍 하나에 한통씩 넣어 보관한다면 11번째 도착한 편지는 이미 편지가 들어가 있는 구멍에 넣어 보관할 수밖에 없을 것이다. 이것이 디리클레의 서랍원리의 한 예임을 알고, 디리클레가 사용한 원리를 우체통의 원리라고도 한다.

또한 비둘기의 특성을 잘 나타내는 원리이기도 하다. 독립적인 까치나 독수리들과 같은 야생 새들과는 달리 비둘기는 함께 모여 사는 군집성의 특성을 가지고 있다. 예를 들어 독수리 세 마리와 집이 두 채 있다면 두 마리만 집을 차지하고 나머지 한 마리는 다른 곳으로 쫓겨난다. 그러나 비둘기는 특성상 한 채에 두 마리가 들어가 사이좋게 지낸다. 그래서 디리클레의 서랍 원리를 비둘기집의 원리라고 하는 데 그 의미를 부여할 수 있다.

그림 6-2 비둘기의 특성

3. 비둘기집 원리

앞에서 언급하였듯이 비둘기집 원리는 복잡한 식을 통하여 풀지 않아도 어떤 사실을 유추하거나 사물 사이에 존재하는 양적 관계의 규칙을 밝히는 유용한 정리들 중의 하나이다. 이 원리의 타당성을 알아보자.

정리 6.1 (비둘기집 원리(pigeon hole principle)) $n+1$ 마리의 비둘기를 n개의 집에 넣을 때 적어도 어느 한 집에는 두 마리 이상의 비둘기가 있다.

그림 6-3 비둘기집의 원리

이를 증명하기 위하여 다음의 방법을 먼저 소개한다. 수학에는 어떤 사실이 옳다는 것을 말해주기 위하여 많이 사용하는 방법 중에 하나가 귀류법(歸謬法, Proof of contradiction)이다. 귀류법은 기원전 300년경에 유클리드가 소수의 무한함을 증명하기 위하여 사용하였던 증명법으로 오래되었으며 현재도 가장 많이 사용되는 증명법이다. 그 방법은 다음과 같다.

명제의 결론이 부정이라는 것을 가정하였을 때 모순되는 가정이 나온다는 것을 보여, 원래의 명제가 참인 것을 보인다.

이제 비둘기집의 원리를 이 귀류법을 사용하여 증명하여 보자. 먼저 결론인 '어느 한 집에 두 마리 이상이 있다.'를 부정하면 '어느 집에도 두 마리 이상 없다.'이다. 이 말은 '모든 집에 한 마리 이하의 비둘기가 있다.'라는 의미이다. 그러면 집이 n개이므로 각 집에 한 마리씩 있어도 모든 집에 들어간 비둘기 수는 n마리이다. 이것은 n개의 집에 있는 모든 비둘기 수는 n마리를 넘지 못한다는 뜻이다. 이는 처음 $n+1$마리의 비둘기가 있다는 사실에 모순(거짓)이다. 그러므로 결론인 '어느 한 집에 두 마리 이상이 있다.'는 명제가 참이 된다.

이 원리의 예들을 들어보자.

예제 6.2 학생 40명이 수학과목을 수강 신청 하였다. 그룹 스터디를 위하여 3조로 나누고 싶다. 모든 학생들은 반드시 한 조에 들어가야 한다. 그러면 반드시 조원이 14명 이상인 조가 생긴다.

풀이 조원이 14명 이상인 조가 없다고 하자. 그러면 각 조는 13명의 조원이하로 구성된다. 그래서 각 조에 있는 학생들 모두를 더하여도 39명을 넘지 못한다. 이는 학생이 40명이라는 말에 모순이다.

예제 6.3 안이 보이지 않는 상자 안에 1000개의 까만 콩과 1000개의 노란 콩이 들어 있다. 한 번에 하나씩 콩을 집어낼 때 적어도 몇 번째에서 앞에 나온 콩 하나와 다른 색의 콩이 나올까?

풀이 적어도 1001번째에는 앞에 나온 콩 하나와 같은 색의 콩이 된다.

좀 더 어려운 경우의 예를 들어보자.

예제 6.4 그림 6-4와 같이 변의 길이가 10m인 정사각형 4개의 우리가 있다. 여기에 각각의 거리가 15m 이상 떨어지게 하여 판다의 집 5개를 만들 수 있을까?

풀이 피타고라스 정리를 이용하면 한 정사각형의 대각선 길이는 $10\sqrt{2}$ m 이다. 즉, 한 정사각형 안에서 가장 멀리 떨어질 수 있는 가능한 거리는 $10\sqrt{2}$ m이다. $10\sqrt{2}$ 의 값은 14.14⋯이므로 두 판다의 집이 15m 떨어져 있기 위해서는 각각 다른 정사각형 안에 들어가야 한다. 그런데 판다의 집은 5개이고 집이 들어갈 수 있는 정사각형은 4개이므로 비둘기집의 원리에 의하여 한 정사각형에 판다의 집이 2개 이상 들어갈 수밖에 없다. 따라서 조건을 만족하는 집 5개를 만들 수 없다.

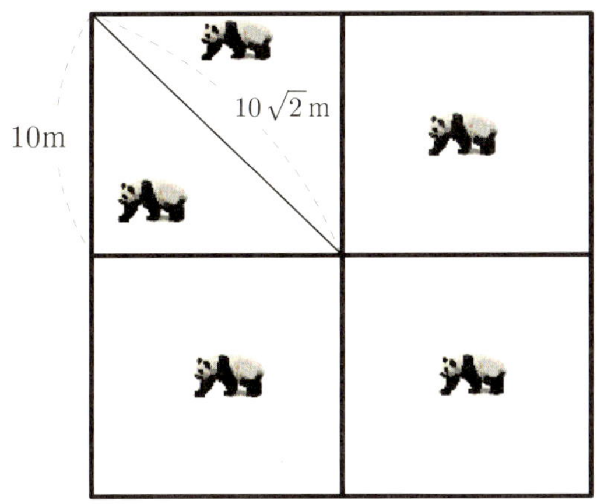

그림 6-4 판다의 집

참고 **피타고라스 정리**는 직각삼각형에서 빗변 길이의 제곱은 다른 두 변의 길이의 제곱의 합과 같다는 정리이다.(그림 6-5 참조)

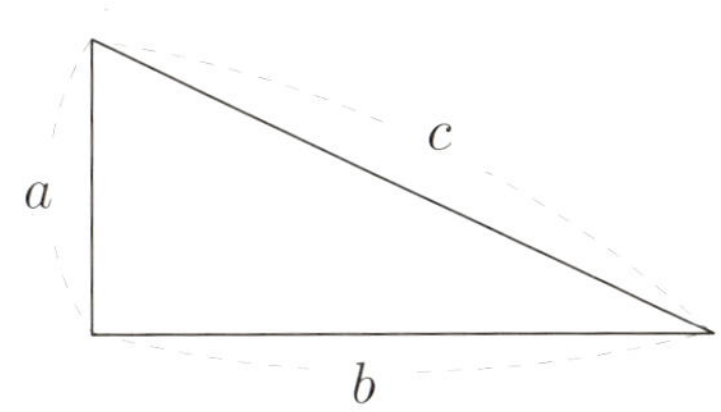

$$c^2 = a^2 + b^2$$

그림 6-5 직각삼각형

예제 6.5 한 변의 길이가 10cm인 정사각형의 내부에 9개의 점을 임의로 찍었다. 그러면 이 9개의 점 중 3개의 점은 면적이 $25/2\text{cm}^2$ 이하인 삼각형의 꼭짓점이 됨을 보여라.(그림 6-6 참조)

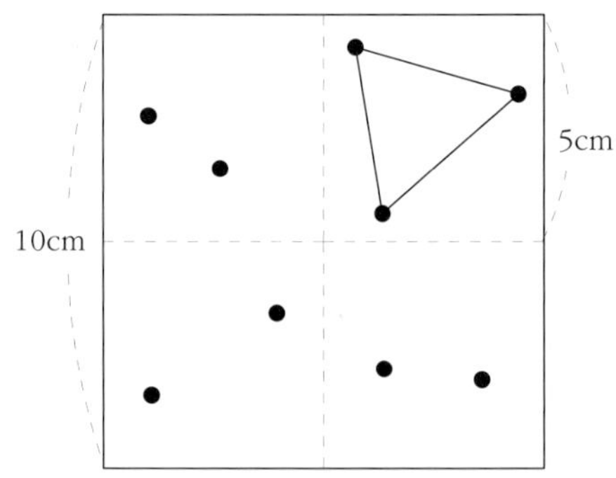

그림 6-6 점의 배치

풀이 정사각형을 한 변의 길이가 5cm인 작은 정사각형 4개로 분할하면, 비둘기집의 원리에 의해 3개의 점 이상을 포함하는 작은 정사각형이 있다. 이 작은 정사각형의 내부에 있는 3개 이상의 점 중 어느 3개의 점을 꼭짓점으로 하는 삼각형을 잡더라도 그 삼각형의 면적은 작은 정사각형의 면적의 반을 넘지 못한다. 따라서 작은 정사각형의 넓이가 25cm^{2}이므로 이 삼각형의 넓이는 25/2cm^2 이하이다.

예제 6.6 학교 도서실에 국어책, 영어책, 수학책, 미술책 이렇게 4종류의 책이 있다. 학생들이 대출할 때 한 학생이 최대한 두 종류의 책만 빌려 볼 수 있다고 하자. 어느 두 학생이 대출한 책이 같은 종류의 책이려면 최소한 몇 명의 학생이 책을 대출해야 하는가?

풀이 학생들이 대출할 수 있는 책의 종류를 비둘기집이라고 생각하자. 그러면 그 종류는 10가지이다. (국어책), (영어책), (수학책), (미술책), (국어책, 영어책), (국어책, 수학책), (국어책, 미술책), (영어책, 수학책), (영어책, 미술책), (수학책, 미술책)

책을 대출하는 학생을 비둘기라고하면, 비둘기집 원리에 따라 책을 대출하는 학생이 10명을 초과하면 최소한 그 중에서 2명은 같은 종류의 책을 대출하게 된다. 그래서 최소 11명의 학생이 대출하면 적어도 2명이 같은 종류의 책을 대출하게 된다.

4. 비둘기집 원리 일반화

앞 절에서 언급한 비둘기집 원리를 일반화하면

n개의 원소를 m개의 집합으로 나누면, 그 속에는 k개의 이상의 원소를 가지는 집합이 적어도 하나 존재한다.

와 같이 나타낼 수 있다. 여기서 k는 n을 m으로 나누었을 때 몫에 1을 더한 수에 해당한다. 이것을 식으로 나타내면 $n=mq+r,\ 0 \le r < m$에서 $k=q+1$이다. 여기서 q는 몫이고 r은 나머지이다.

예제 6.7 27개의 사과를 6상자에 담으면 5개 이상의 사과가 담긴 상자가 있다.

풀이 $27 \div 6 = 4 \cdots 3 \Rightarrow 27 = 6 \times 4 + 3$이므로 몫은 4이고 나머지는 3이다. 그래서 $4+1=5$이므로 5개 이상의 사과가 담긴 상자가 존재한다.

비둘기집 원리는 어떤 특정 집단이 특정한 목적으로 특정한 원칙에 의해 일어날 수 있는 확률이 아닌, 단순히 불특정다수에게서 일어날 수 있는 단순한 확률 계산문제에 적용되는 원리이다. 예를 들어 영화 관람을 하려고 할 때, 6명이 입장권 5장을 가지고 있다면 누군가 입장을 하지 못하게 된다. 이 누군가가 입장하지 못하는 확률 계산에 적용된다는 것이다. 비둘기집 이론이 확률론적으로 일반화된 계산식을 소개하기로 하자.

확률적으로 비둘기집 원리에 대하여 살펴보면 다음과 같다.

정리 6.2 n마리의 비둘기가 m채의 집에 들어간다고 하자. 각 비둘기가 각 집에 들어갈 확률은 균일하다. 즉 $\dfrac{1}{m}$이다. 그러면 적어도 한 집에 두 마리 이상의 비둘기가 들어갈 확률의 공식은

$$1-\frac{m!}{(m-n)!m^n}=1-\frac{m(m-1)(m-2)\cdots(m-n+1)}{m^n}$$

이다. 기호 $m!$은 $1\times2\times3\times\cdots\times m$을 나타낸다.

증명 적어도 한 집에 두 마리 이상의 비둘기가 들어간다는 것의 부정은 각 집에 한 마리가 들어가거나 아무도 들어가지 않는다는 것이다. 그러므로 확률 1에서 각 집에 1마리 또는 0마리가 들어갈 확률을 빼면 적어도 한 집에 두 마리 이상의 비둘기가 들어갈 확률을 구할 수 있다. 각 집에 한 마리가 들어가거나 아무도 들어가지 않는다는 것의 확률은 우선 m채의 집에서 n채를 선택하여 비둘기가 들어가는 경우의 수는

$${}_mP_n=\frac{m!}{(m-n)!}=m(m-1)(m-2)\cdots(m-n+1)$$

이다. 그리고 각 경우에 각 비둘기가 선택한 집에 들어갈 확률은 $\dfrac{1}{m}$이므로 n 마리 모두가 각 집에 들어갈 확률은 $(\dfrac{1}{m})^n=\dfrac{1}{m^n}$

이다. 그래서 구하는 확률은

$$_{m}P_{n}\times\frac{1}{m^{n}}=$$

$$\frac{m!}{(m-n)!}\times\frac{1}{m^{n}}=m(m-1)(m-2)\cdots(m-n+1)\frac{1}{m^{n}}$$

이다.

1. 이 공식을 이용하여 다음의 특수한 경우를 살펴보자.

(a) $m<n$이면 확률은 1

(b) $n=0,1$이면 확률은 0

(c) $n\leq m$인 경우

2. ① $n=2,\ m=3$인 경우: $1-\frac{3\times2}{3^{2}}=1-\frac{6}{9}=\frac{2}{3}$이 되어 확률은 0.667

3. ② $n=2,\ m=4$인 경우: $1-\frac{4\times3}{4^{2}}=1-\frac{12}{16}=\frac{1}{4}$이 되어 확률은 0.25

4. ③ $n=2,\ m=5$인 경우: $1-\frac{5\times4}{5^{2}}=1-\frac{20}{25}=\frac{1}{5}$이 되어 확률은 0.20

5. ④ $n=3,\ m=5$인 경우: $1-\frac{5\times4\times3}{5^{3}}=1-\frac{60}{125}=\frac{13}{25}$이 되어 확률은 0.52

예제 6.8 그림 6-7의 경우처럼 적어도 한 집에 두 마리 이상의 비둘기가 들어갈 확률을 구하여라.

그림 6-7 비둘기의 집 찾기(1)

풀이 $n=8,\ m=9$이므로

$$1-\frac{9\times8\times7\times6\times5\times4\times3\times2}{9^8}=\frac{9^8-9!}{9^8}$$
$$=\frac{4742649}{4782969}=0.99157008962\cdots$$

이다.

예제 6.9 그림 6-8의 경우처럼 적어도 한 집에 두 마리 이상의 비둘기가 들어갈 확률을 구하여라.

그림 6-8 비둘기의 집 찾기(2)

풀이 $n=6,\ m=6$이므로

$$1-\frac{6\times5\times4\times3\times2\times1}{6^6}=\frac{6^6-6!}{6^6}$$
$$=\frac{45936}{46656}=0.98456790123\cdots$$

이다.

예제 6.10 비둘기 2마리와 집 9채가 있다. 적어도 한 집에 두 마리 이상의 비둘기가 들어갈 확률을 구하여라.

풀이 $n=2,\ m=9$이므로

$$1-\frac{9\times8}{9^2}=\frac{9^2-72}{9^2}=\frac{9}{81}=\frac{1}{9}=0.1111111\cdots$$ 이다.

제 7 장

바코드

제7장
바코드

1. 바코드란 무엇인가?

우리는 상점의 상품마다 또는 각 단체의 소장품에 붙어 있는 검정과 흰색 막대의 그림을 볼 수 있다. 우리나라 모든 사람들이 각각의 주민등록 번호가 있듯이 이 것 또한 각각의 물건에 붙여진 고유번호인 샘이다. 그것은 어떻게 구성되어 그 많은 물건들을 식별할 수 있는 것일까? 계산대에서 찍힌 물건의 가격이 혹시 잘 못 된 것은 아닌지 의심한 적은 없는가? 우리가 편리하게 사용하고 있는 것들의 원리를 알게 되면 경우에 따라 유용하게 이용할 수 있을 것이다.

문명이 발달하면 할수록 우리는 많은 정보를 접하게 되고, 더 많은 물건들을 다루게 된다. 각자 소유하는 물건의 종류도 갈수록 다양해지므로 그것들에 대한 정리 방법 또한 중요하다. 물건들을 정리하고 인식하는데 수를 사용한다면 간단히 나타낼 수 있다. 그러나 방대한 양의 물건을 모두 수로 모두 표시하기에는 한계가 있다. 이에 개발된 것이 바코드이다. 바코드는 다양한 폭의 검은 막대와 흰 막대의 배열로서 물건의 정보를 표시하는 부호(code)이다. 도트(•)와 대시(-)로서 정보를 교환하는 모스 부호(Mores Code)와 매우 유사하다. 수학자들이 쓰는 수학 언어

(Mathematical language) 또는 모스 부호와 바코드 같은 기계 언어 (Machine language) 등은 일상생활의 언어와 달리 서로의 의사나 정보를 교환하기 위해 용도에 따라 특수한 형태로 고안된 언어들이다.

바코드의 원리를 알아보자.

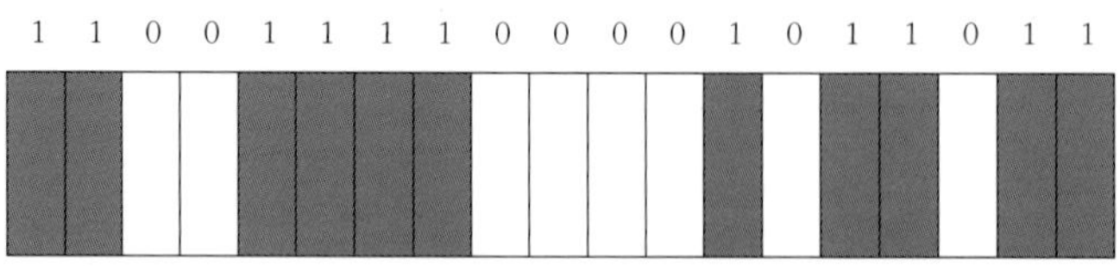

그림 7-1 바코드

위의 바코드에 판독기를 대고 레이저 광선을 쏘면 바코드에 부딪힌 레이저 광선이 다시 판독기 안의 광전지로 들어간다. 이때 바코드의 흰 막대 선은 빛을 반사하기 때문에 강한 빛으로 되돌아가고, 검정 막대 선은 빛을 흡수하므로 약한 빛만 되돌아간다. 이 빛의 신호가 아날로그-디지털 변환기를 통과하면서 빛의 강약에 따라 '1'과 '0'으로 구분된 전기신호로 바뀐다. 즉 위 바코드 상단의 이진법의 수인 비트로 변경하여 이들의 조합이 ASCII 문자가 되어 컴퓨터에서 유용한 정보로 변형된다. 또 정보를 바코드로 변경하는 것은 역순으로 하여 비트로 바꾸고 그것을 막대 즉 바(검은 막대)와 스페이스(흰 막대)로 변경하면 고유의 바코드가 된다.

언어에서도 한국어, 영어, 일본어, 불어 등이 있듯이 바코드에도 각 용도에 따라 수십 종류의 표시법이 있다. 그래서 바코드가 어떠한 표시법으로 나타내었는지를 알아야 정확한 정보를 알아낼 수가 있다. 이러한 표시법을 **바코드 심벌로지**(Bar Code Symbology)라고 한다. 바코드 심벌의 구조는 다음과 같다.

모듈(Module, or X dimension) : 최소단위로서 1비트의 값을 가짐

엘리먼트(Eliment) : 1개 또는 복수개의 모듈의 합으로 검은 막대(바)

와 흰 막대(스페이스)로 나타남

심벌문자 : 엘리먼트의 조합으로 ASCII 문자에 해당함

심벌 : 심벌문자의 조합으로 한 개의 레코드(Record)에 상응하는 정보를 나타냄

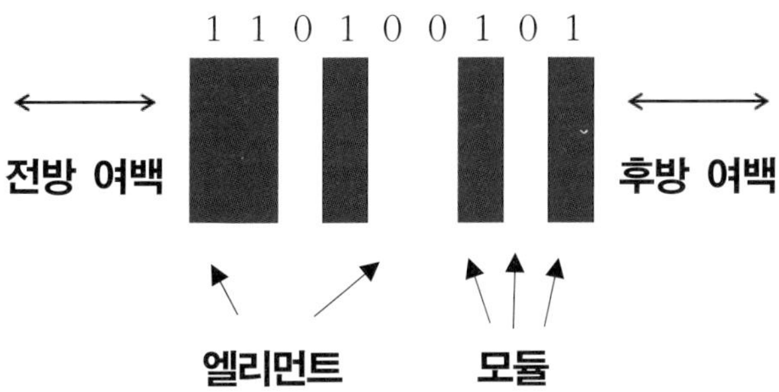

그림 7-2 심벌의 구조

좌, 우 측에 모듈 10개 이상의 여백을 두어 심벌 판독 시 신호레벨을 유지함으로써 심벌의 존재여부를 확인하도록 한다.

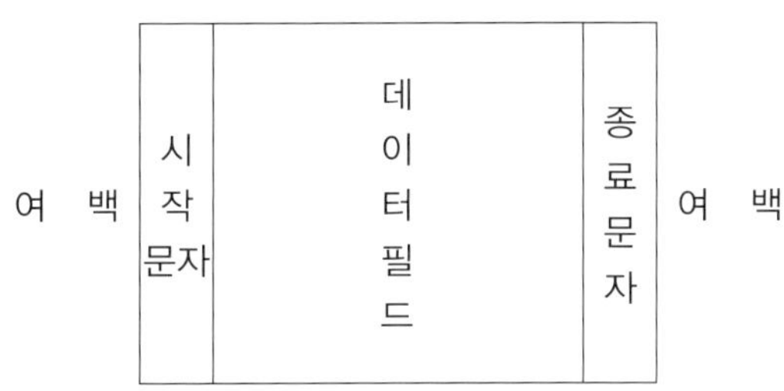

그림 7-3 심벌의 구성

① 시작문자와 종료문자는 심벌로지 종류와 스캔방향을 알려줌

② 심벌로지에 따라 시작문자와 종료문자가 동일하거나 상이함

③ 데이터필드는 심벌로지에 따라 연속적 또는 불연속적으로 표현 불연속인 경우는 심벌문자와 심벌문자 사이에 갭(Gap)이 삽입

2. 심벌로지의 특성

현재 개발되어 사용되고 있는 UPC(Universal Product Code), EAN (European Article Numbering), Code 39, Codebar, Code 93, Code 128 등 수십 여종이 있다. 이 심벌로지들은 다음 부분에서 각각 다른 특성을 갖는다.

(1) 심벌로지 유형

(2) 데이터 용량

(3) 데이터 밀도 및 X 디멘젼

(4) 문자 및 데이터검증

(5) 엘리먼트 폭

(6) 관리기구

1) 심벌로지 유형(Type)

심벌로지 유형은 표현의 연속성에 따라 연속형과 불연속형으로 나누어진다. 그 차이점은 표 7-1과 같다.

연속형은 검은 막대로 시작하여 흰 막대로 끝나고, 불연속형은 검은 막대로 시작하여 검은 막대로 끝난다.

또 차원에 따라 1차원(선형) 심벌로지와 2차원 심벌로지로 구분된다. 1차원 심벌로지(바코드)로 밀도 높은 대량의 데이터를 표현하기에 한계가 있어 이를 해결하기 위해 2차원 심벌로지가 개발되었다. 2차원은 사각형이나 육각형 배열의 점으로 이루어진 매트릭스형 구조이다.

	데이터 표현	데이터 구분	인쇄기법	데이터 표현 길이
연속형	연속	흰 막대와 시작문자	제한적	짧음
불연속형	불연속	갭(Gap)	다양	김

표 7-1 심벌로지 유형의 비교

8 802007 070121

1차원 바코드 2차원 바코드

그림 7-4 바코드 종류

2) 데이터 용량

데이터 용량의 3 종류

a. 고정적인 것

b. 가변적인 것

c. 가변적이지만 안정성 때문에 고정적으로 사용하는 것

3) 데이터 밀도 및 X 디멘젼

X 디멘젼은 바코드의 최소 기본단위로 좁은 엘리먼트(모듈) 폭의 평균값으로 계산한다. 그 단위는 mil(1/1000 inch)이다. X 디멘젼에 따라 같은 데이터 양을 나타내는 폭이 달라짐을 쉽게 알 수 있다. 즉 데이터의 조밀성이 결정된다. 우리는 X 디멘젼이 10mil 이하이면 고밀도, 10~20 mil이면 중밀도 그리고 20mil 이상이면 저밀도라고 한다.

4) 문자 및 심벌검증

인쇄 결함 등 바코트의 오류 여부를 알아보는 기능으로 각 심벌로지 내의 **패러티 검사**(parity check)를 한다. 각 데이터 문자에 가중치를 준 각 모듈 값을 계산하여 검사숫자를 정하고 데이터 문자의 끝에 놓는다.

5) 엘리먼트 폭

심벌로지는 두 종류의 엘리먼트 폭 중 하나를 채택한다. 그 종류는 두 폭(two-width)과 여러 폭(many-width)이 있다. 두 폭 엘리먼트의 심벌로지는 엘리먼트 폭이 넓은 것과 좁은 것으로 구분된다. 즉 검은 막대나 흰 막대의 너비가 좁은 것과 넓은 것 두 가지가 있다. 사실 넓은 막대가 좁은 막대에 비해 얼마나 넓은지는 아무런 의미가 없다. 단 여기서 넓은 엘리먼트와 좁은 엘리먼트의 폭의 비는 한 심벌 내에서는 일정하게 유지되어야 한다.

여러 폭 엘리먼트의 심벌로지는 엘리먼트 폭이 여러 가지이다. 문자의 길이는 모듈(X 디멘젼)의 수에 의해 고정되어 있고, 모든 엘리먼트(막대)의 폭은 모듈의 정수배이다. 한 문자내의 모듈 수가 n이고, 한 문자내의 검은 막대 수가 k인 여러 폭의 연속형 심벌로지를 (n, k)코드라고 한다. UPC/EAN은 (7, 2)코드이고, Code 93은 (9, 3)코드, Code 128은 (11, 3)코드이다.

UPC/EAN가 나타낼 수 있는 총 패턴 수를 알아보자. 검은 막대를 1로 흰 막대를 0으로 나타낸다. 앞에서 언급한 것처럼 한 문자의 시작은 검은 막대(=1) 그리고 끝은 흰 막대(=0)임을 상기하자. UPC/EAN은 (7, 2)코드이므로 한 문자 내에 모듈 수가 7개이고 2개의 검은 막대(=1)가 있다. 그러면 다음과 같이 20개의 패턴이 나온다.

1111010

1110110 1110100 1110010

1101110 1101100 1101000 1100110 1100100 1100010

1011110 1011100 1011000 1010000

1001110 1001100 1001000

1000110 1000100

1000010

이 패턴들에는 1폭(1 또는 0), 2폭(11 또는 00), 3폭(111 또는 000) 그리고 4폭(1111 또는 0000)의 엘리먼트(막대)가 포함되어 있다.

6) 관리기구

누구라도 심벌로지를 자유롭게 이용하기 위해서는 심벌로지에 따라서 관리기구나 개발회사의 이용허가를 받아야 한다. 미국 내 상품코드로 사용하는 UPC 심벌로지는 UCC(Uniform Code Council)에서 관리한다. EAN은 EANA (European Artical Numbering Asso- ciation)에서 관리하며, 우리나라의 상품코드에 사용하는 'KAN(Ko- rean Article Numbering)13 바코드'는 (재)한국유통정보 센터에서 관리하고 있다.

현재 제공되고 있는 심벌로지를 구분하여 보면 다음과 같다.

부호화	연속/불연속	폭 구분	쓰임	비고
코드 11	불연속	두 폭	전화	
코드 39	불연속	두 폭	다용도	
코드 93	연속	여러 폭	다용도	
코드 128	연속	여러 폭	다용도	
UPC (범용 제품 코드)	연속	여러 폭	제품 코드	GS1 인증
EAN 8	연속	여러 폭	제품 코드	GS1 인증
EAN 13	연속	여러 폭	제품 코드	GS1 인증

바코드 (1차원 코드)

부호화	개발사 (저작권)	비고
PDF417	심볼 테크놀로지 (퍼블릭 도메인)	ISO 15438
QR 코드	토요타 자동차 산하 덴소 웨이브 (특허 종료, 퍼블릭 도메인)	
데이터매트릭스	마이크로스캔 시스템즈 (퍼블릭 도메인)	세마코드
대용량 컬러 바코드	마이크로소프트	

바코드 (2차원 코드)

표 7-2 심벌로지 비교

3. EAN

우리나라가 사용하고 있는 'KAN13 바코드'는 EAN(European Article Numbering)의 한 종류로 한국은 EANA(European Article Numbering Association)로부터 국가번호 880을 할당 받고 있다. EAN에 대하여 알아보자.

EAN은 미국과 캐나다 이외 지역에서 사용하는 POS 시스템용 코드이다. EAN은 13문자로 표현되는 EAN13과 8문자로 표현되는 EAN8 두 종류가 있다. EAN13이 표준형이이고 EAN8은 단축형이다. 표준형에 대하여 알아보자.

1) 심벌구조

EAN 심벌은 좌측에 국가번호 3문자와 제조업체 4문자로 구성되어 있으나, 바코드로 나타내는 것은 6문자이고 맨 좌측의 문자는 수치로 나타낸다. 우측에는 제품번호와 검사숫자로 구성된다.

그림 7-5 KAN13 바코드 구성

좌측 가드패턴과 우측 가드패턴은 101 패턴(검은 막대/흰 막대/검은 막대)으로 구성되어 심벌의 시작과 종료를 나타낸다. 중앙 가드패턴은 01010 패턴으로 좌측 7문자와 우측 6문자를 분리하는 역할을 한다. 미국에서 사용되고 있는 UPC 심벌은 1문자의 상품분류 체계번호와 5문자의 제조업체로 EAN 심벌의 국가코드와 제조업체 코드를 대신하고 있다. 상품분류 체계번호는 1자릿수로서 번호마다 상품종류가 아래와 같이 할당되어 있다.

상품분류 체계번호	상품종류
1	식료품, 잡화
2	고기, 청과물 등 불규칙 중량 식품
3	의약, 의효 상품
4	인스토어 마킹
5	쿠폰
0, 6, 7, 8, 9	유보

표 7-3 상품분류 체계번호

제조업체번호는 EANA에서 고유번호를 부여하고 상품번호는 제조업체에서 정한다. 마지막 1자릿수는 검사숫자이다. 짝수 번째 수들을 3배, 홀수 번째는 그대로 하여 합산한 수를 10으로 나눈 나머지에 n을 더하여 10이 되는 n을 검사숫자로 사용한다. 이는 수동으로 입력할 때 오류를 검증한다.

위의 바코드 8802007070121에서 마지막에 검사숫자 1이 나오게 되는 것은 다음과 같다.

1. (짝수 번째의 수의 합)×3: (8+2+0+0+0+2)×3 = 36
2. (홀수 번째의 수의 합): 8+0+0+7+7+1 = 23
3. (36+23)/10 = 10×5+9(나머지)
4. 9+n = 10
5. n = 1(검사숫자)

EAN은 (7, 2)코드이므로 1개의 문자는 2개의 검은 막대와 2개의 흰 막대를 포함한 7모듈로 구성된다. 가드패턴은 스캐닝의 경사각을 최대한 보장하기 위하여 데이터 패턴보다 길게 인쇄한다.

2) 데이터 표현

EAN은 중앙 가드패턴을 중심으로 좌측은 패턴 세트 A와 패턴 세트 B를 선택하여 표현하고 우측은 패턴 세트 C로 표현된다.

수치	패턴 세트 A	패턴 세트 B	패턴 세트 C
0	0 0 0 1 1 0 1	0 1 0 0 1 1 1	1 1 1 0 0 1 0
1	0 0 1 1 0 0 1	0 1 1 0 0 1 1	1 1 0 0 1 1 0
2	0 0 1 0 0 1 1	0 0 1 1 0 1 1	1 1 0 1 1 0 0
3	0 1 0 0 0 1 1	0 1 0 0 0 0 1	1 0 0 0 0 1 0
4	0 1 0 0 0 1 1	0 0 1 1 1 0 1	1 0 1 1 1 0 0
5	0 1 1 0 0 0 1	0 1 1 1 0 0 1	1 0 0 1 1 1 0
6	0 1 0 1 1 1 1	0 0 0 0 1 0 1	1 0 1 0 0 0 0
7	0 1 1 1 0 1 1	0 0 1 0 0 0 1	1 0 0 0 1 0 0
8	0 1 1 0 1 1 1	0 0 0 1 0 0 1	1 0 0 1 0 0 0
9	0 1 0 1 0 1 1	0 0 1 0 1 1 1	1 1 1 0 1 0 0

표 7-4 EAN의 패턴 세트 A, B, C

표 7-4의 패턴세트를 검은막대와 흰막대로 코드화하면 그림 7-5와 같다.

수치	패턴세트 A	패턴세트 B	패턴세트 C
0			
1			
2			
3			
4			
5			
6			
7			
8			
9			

표 7-5 패턴 세트 A, B, C의 코드화

우리나라의 맨 좌측 문자가 8이므로 좌측 문자들의 패턴 세트는 ABABBA이다. 그리고 우측 문자들의 패턴 세트는 CCCCCC로 나타난다.

맨6 좌측 숫자	좌측 문자의 패턴 세트
0	AAAAAA
1	AABABB
2	AABBAB
3	AABBBA
4	ABAABB
5	ABBAAB
6	ABBBAA
7	ABABAB
8	ABABBA
9	ABBABA

표 7-6 좌측 문자들의 패턴 세트

참고로 EANA에서 주요 국가 등에 부여한 접두번호를 소개한다.

EANA에서 부여한 접두번호			
000 - 139	미국과 캐나다	570 - 579	덴마크
300 - 379	프랑스	590	폴란드
400 - 440	독일	622	에집트
450 - 459 & 490 - 499	일본	690 - 695	중국
460 - 469	러시아	730 - 739	스웨덴
471	대만	775	페루
480	필리핀	780	칠레
500 - 509	영국	789 - 790	브라질
800 - 839	이탈리아	930 - 939	호주
867	북한	940 - 949	뉴질랜드
869	터키	977	연속간행물(ISSN)
870 - 879	네델란드	978	서적(ISBN)
880	한국	979	서적(ISBN) & 음악서적(ISMN)
885	태국	980	반환영수증
899	인도네시아	990 - 999	쿠폰

표 7-7 EANA에서 부여한 접두번호

4. 검사숫자

주민등록번호, 여권번호, 수표번호, ISBN에 사용된 숫자열의 오류를 검색하는 데 사용되는 수학 원리를 소개한다.

1) 패리티검사비트

모든 정보를 이진법으로 바꾸어 연산 또는 저장 및 전송하는 디지털 회로 시스템에서 오류를 찾는 방법으로 **패러티검사비트**를 사용한다.

이진법 즉 0 또는 1로 이루어진 숫자열

$$x_1x_2x_3 \cdots x_n$$

을 **비트열**(bit strings)이라고 한다. 이 비트열에서

$(x_1+x_2+x_3+ \cdots +x_{n-1})$을 2로 나누어 나온 나머지를 마지막 비트로 x_n을 첨가한다. 이때 이 비트 x_n를 패러티검사숫자라고 한다. 그러면 주어진 비트열 $x_1, x_2, x_3, \cdots, x_{n-1}$ 에서 '1'의 개수가 짝수이면 x_n은 0이고 '1'의 개수가 홀수이면 x_n은 1이 된다. 이 검사숫자에 의하여 짝수개의 오류는 검사할 수 없지만 홀수개의 오류는 검사할 수 있다.

예들 들어, 두 비트열 1011011010과 1100100110을 수신하였다.

첫 번째 비트열 1011011010은

$$1+0+1+1+0+1+1+0+1=6,\ 6 \div 2=3 \cdots 0$$

에서 나머지가 0이다. x_n인 마지막 비트도 0이므로 이 수신된 데이터는 전송될 원래 데이터와 일치하거나 짝수개의 오류를 갖고 있다.

두 번째 비트열 1100100110은

$$1+1+0+0+1+0+0+1+1=5,\ 5\div 2=3\cdots 1$$

에서 나머지가 1이다. x_n인 마지막 비트가 0이므로 이 수신된 데이터는 전송될 원래 데이터와 상이함을 알 수 있다.

2) 주민등록번호 구성

주민등록번호는 앞부분 6자리와 뒷부분 7자리 총 13자리로 구성되어 있다.

$$a_1a_2a_3a_4a_5a_6-b_1b_2b_3b_4b_5b_6b_7,\ 0\le a_i, b_j \le 9$$

앞부분 $a_1a_2a_3a_4a_5a_6$는 각자의 생년월일이다. 즉 생년월일이 2010년 01월 02일이면 $a_1a_2a_3a_4a_5a_6$는 100102가 된다. 그리고 뒷부분 첫 자리 숫자 b_1은 표 7-8과 같이 정해진다.

숫자 $b_2b_3b_4b_5$은 행정안전부가 부여한 출생신고 사무소의 번호이다. 이 번호로 각 개인의 출생지를 유추할 수 있다. b_6은 신고 사무소에 신고한 순서이다. b_7은 검사숫자이다. 이 숫자는 다음과

부여 숫자	국 적	성별	출생년도
9	내국인	남	1800~1899
0	내국인	여	1800~1899
1	내국인	남	1900~1999
2	내국인	여	1900~1999
3	내국인	남	2000~2099
4	내국인	여	2000~2099
5	외국인	남	1900~1999
6	외국인	여	1900~1999
7	외국인	남	2000~2099
8	외국인	여	2000~2099

표 7-8 주민등록번호 뒷자리 첫 번째 부여 숫자 분류

같은 규칙으로 만들어진다.

$$2\times a_1+3\times a_2+4\times a_3+5\times a_4+6\times a_5+7\times a_6+$$
$$8\times b_1+9\times b_2+2\times b_3+3\times b_4+4\times b_5+5\times b_6$$

을 11로 나눈 나머지 c를 11에서 빼서 d가 되고 이를 10으로 나눈 나머지가 b_7이 된다. 이를 부호로 적으면

$$2\times a_1+3\times a_2+4\times a_3+5\times a_4+6\times a_5+7\times a_6+$$
$$8\times b_1+9\times b_2+2\times b_3+3\times b_4+4\times b_5+5\times b_6$$
$$=11\times q+c,\ 0\le c<11,\ q\text{와 } c\text{는 정수}$$
$$11-c=10\times t+r,\ 0\le r<10,\ t\text{와 } r\text{은 정수}$$
$$\therefore r=b_7$$

예를 들어 보자. 주민등록번호 처음 12자리 수가 120508-100901이면 검사숫자 b_7은

$$2\times1+3\times2+4\times0+5\times5+6\times0+7\times8+8\times1+$$
$$9\times0+2\times0+3\times9+4\times0+5\times1=109$$
$$109=11\times9+10\ \Rightarrow\ 11-10=10\times0+1$$

이 되어 1이 된다. 따라서 주민등록번호는 120508-1009011이다.

3) ISBN

대부분 책에서 ISBN 978-89-6023-986-9와 같은 번호를 쉽게 볼 수 있을 것이다. 이 번호는 등록된 책의 고유번호로 국가별 ISBN 기관이 부여한다. 이 ISBN은 국제 표준 도서 번호-International Standard Book Number를 나타내는 표시이다. 2007년 전에 발간된 책의 ISBN은 10자

리 수였으나 지금은 13자리 수로 되어있다. 또한 연속간행물 번호로 유사한 ISSN 번호(국제 표준 연속간행물 번호)가 있다.

ISBN 번호의 구성은 다음과 같다.

ISBN 978-89-6023-986-9

978	89	6023	986	9
접두어	국가·언어	출판사	책의 고유번호 출판사가 정한	검사숫자

표 7-9 ISBN 구성

이제 검사숫자를 정하는 방법을 알아보자. 각 자리 숫자에 순서대로 가중치 1, 3, 1, 3 …을 주어 합하여 10으로 나눈 나머지를 사용한다. 수학적으로 표시하면 다음과 같다.

ISBN $a_1a_2a_3a_4a_5a_6a_7a_8a_9a_{10}a_{11}a_{12}a_{13}$에서

$$1\times a_1+3\times a_2+1\times a_3+3\times a_4+1\times a_5+3\times a_6+1\times a_7+3\times a_8+$$
$$1\times a_9+3\times a_{10}+1\times a_{11}+3\times a_{12}=b$$

$b+a_{13}=10k$ (k는 정수)

를 만족한다.

예 ISBN 978-89-6023-986-9는 맞는 번호이다.

$$1\times 9+3\times 7+1\times 8+3\times 8+1\times 9+3\times 6+$$

$$1\times0+3\times2+1\times3+3\times9+1\times8+3\times6=151$$

마지막 검사숫자 m은 151+m가 10의 배수 즉 151+m을 10으로 나눌 때 나머지가 0이 되도록 하는 숫자이다. 따라서 여기서는 9가 된다.

제 8 장

무한 세계

제8장

무한 세계

1. 무한의 정의

인간의 수명은 평균 80세 정도라고 한다. 설령 100세까지 산다고 해도 시간으로 환산하면 876,000시간, 분으로 하면 52,560,000분 그리고 초로는 3,153,600,000초이다. 1초에 하나를 센다면 약 32억 정도 셀 수 있다. 그런데 우리는 수를 일, 십, 백, 천, 만, 억, 조, 경, 해, 자, 양, 구, 간, 정, 재, 극, 항하사, 아승기, 나유타, 불가사의, 마지막으로 무량대수라는 단위를 쓴다. 만의 만이 억이고, 억의 만이 조이다. 단위는 10,000 진법이다. 만은 10,000 즉 1 다음에 0이 4개이다. 그리고 억은 10,000에 10,000이므로 100,000,000 즉 1 다음에 0이 8개이다. 따라서 조는 1 다음에 0이 12개이다. 단위가 하나 올라갈 때마다 0이 4개 더해진다. 그러므로 무량대수는 1 다음에 68개의 0이 붙는다. 이것을 아라비아 숫자로 나타내면

100,000,000,000,000,000,000,000,000,000,000,000,000,000,000,000,000,000,000,000,000,000,000,000,000

이다. 우리의 인생의 길이는 3 다음에 불과 9개의 0이 붙는 수에 해당한다. 인생의 길이를 초로 나타내는 수는 우리가 정의한 무량대수와 비교하더라도 너무나 작은 것에 불과하다. 그렇게 엄청나게 큰 수인 무량대수도 유한할 뿐이므로 무한에 비하면 없는 것과 마찬가지이다. 수학 기호로 무한대를 ∞로 표시한다. 이것은 영국의 수학자 월리스(Wallis John, 1616~1703)가 겉과 안이 없이 그 위를 주행하면 끝없이 돌아가는 뫼비우스 띠를 본 떠 만든 기호이다.

이런 짧디 짧은 인생에서도 우리는 수많은 경험을 한다. 그렇다면 우리가 무한의 세계에 있다면 우리는 어떠한 경험들을 할까? 먼저 무한의 개념을 알아보자.

밤중에 하늘을 보면 수많은 별들이 눈에 들어온다. 보이지 않는 별들이 얼마나 많을까? 그 별들 속에 또 다른 별들의 세계, 또 그 속에 또 다른 별들의 세계 이 또한 상상하지 못할 정도로 신비롭고 경이로운 세계가 그 속에 담겨 있지 않을까? 유한한 세계 속에 살아가는 우리들이 경험하거나 상상하지 못한 세계, 무한 세계가 있을 것이다. 그래서 유한한 삶 속에 살아가는 인간이 무한이란 것을 생각할 때 오직 무한은 신비하기도 하고 장엄하고 경이롭기만 한 것이다. 오랫동안 무한을 명확하게 설명하지 못하고 오직 형이상학적이며 정신세계 속 관념적인 개념으로만 설명하여 왔다. 사물의 근본을 파악해서 논리적으로 설명하는 학문인 수학을 연구하는 학자들조차도 무한에 대하여 논하기를 꺼려하였다.

1900년경 수학자인 게오르크 칸토어(Georg Cantor, 1845~1918)가 일대일 대응법을 이용하여 무한의 개념을 정의하였다. 무한의 개념이 명확하게 정의된 후 그동안 신비하기만 하고 경이롭기만 하던 무한의 세계가 이제 우리 정신세계의 길을 활짝 열어 풍부한 새로운 세계를 창출하였다. 무한은 모두 같은 것으로만 생각되었던 사고의 폭이 무한 속에도 무한 세계가 있음을 느끼도록 확장되었다.

무한을 정의하기 위하여 칸토어가 사용한 일대일 대응법에 대하여 알아보자.

두 집합 A, B의 원소를 서로 대응시킬 때, A의 임의의 원소에 대하여 B의 원소가 단 하나 대응하고, B의 임의의 한 원소에 대하여 A의 원소가 단 하나 대응하도록 하는 관계를 **일대일 대응**(one-to-one correspondence)이라고 한다.

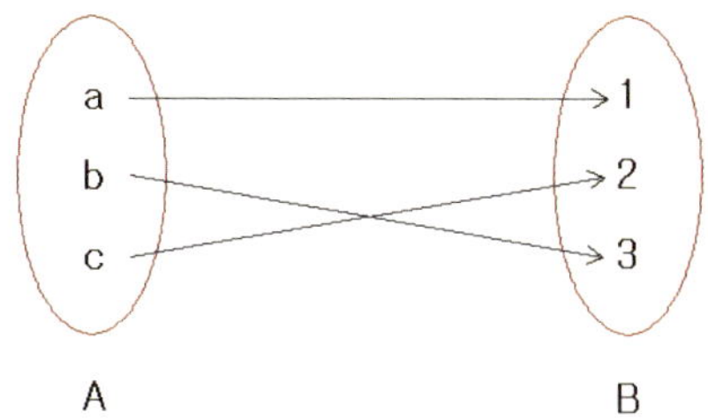

그림 8-1 일대일 대응

사다리타기 게임 등 우리 주위에 많은 일대일 대응의 예들이 있다. 주의해야 할 것은 일대일 함수와 일대일 대응은 다르다. 일대일 대응은 일대일 함수이지만 모든 일대일 함수가 일대일 대응이 되는 것은 아니다. 그림 8-1에서 보면 일대일 대응이 존재함으로 A집합과 B집합의 원소의 개수가 같다. 이처럼 두 집합 사이에 일대일 대응이 존재하면 두 집합의 원소의 개수가 같다고 한다. **유한집합**(finite set)에서는 집합의 크기를 원소의 개수라고 할 수 있다. 그러나 유한집합이 아닌 경우는 집합 A의 크기를 원소의 개수라고 하기 보다는 **집합의 농도**(cardinality)라고 하며 card A로 적는다. 예를 들어 사과 10개로 된 집합 A의 농도 card A는 10이다. 연필 10자루로 된 집합 B의 농도 card B도 10이다. 그래서 두 집합 사이에 일대일 대응이 존재하면 두 집합의 농도가 같다. 즉 같은 크기의 집합이다.

자연수 전체의 집합은 신기한 성질을 가진다. 짝수 전체의 집합은 자연수 전체의 집합에 완전히 포함된 집합 즉 **진부분집합**임에도 짝수 전체의 집합과 자연수 전체의 집합 사이에 일대일 대응관계가 존재한다. 앞으로 편의상 자연수 전체의 집합을 자연수 집합, 짝수 전체의 집합을 짝수 집합라고 하자.

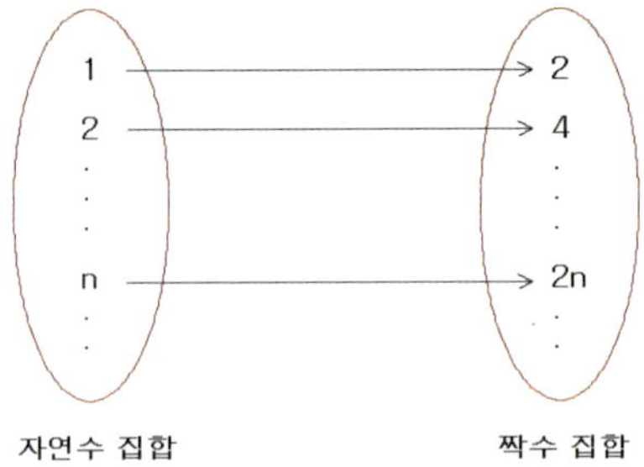

그림 8-2 자연수 집합과 짝수 집합의 일대일 대응

자연수 집합의 임의의 원소 n에 대하여 짝수 집합의 원소 2n이 단 하나 대응된다. 또한 짝수 집합의 임의의 원소 2k에 대하여 자연수 집합의 원소 k가 단 하나 대응된다. 이유는 만약 짝수 집합의 임의의 원소 2k에 대하여 자연수 집합의 원소 k와 t라고 하면, t에 대응하는 원소가 2t이므로 2k = 2t이다. 그러면 k = t이다. 짝수 집합과 자연수 집합 사이에 일대일 대응관계가 존재하므로 두 집합의 농도는 같다. 즉 두 집합의 크기가 같다. 이 때 두 집합은 대등하다고 한다. 분명히 짝수 집합이 자연수 집합의 진부분집합임에도 불구하고 두 집합의 크기가 같다. 유한집합에서는 일어날 수 없는 성질이다. 그래서 칸토어는 유한집합이 아닌 집합 즉 무한집합(infinite set)의 정의를 다음과 같이 하였다.

자신과 같은 농도를 가진 진부분집합이 존재하는 집합을 **무한집합**이라고 한다. 그래서 자연수 집합은 무한집합이다. 또한 짝수 집합도 무한집합이다.

2. 무한의 크기

집합 A와 집합 B 사이에 일대일 대응 f가 있고, 집합 B와 집합 C 사이에도 일대일 대응 g가 있다고 하자. 그러면 두 일대일 대응을 합성한 것 역시 집합 A에서 집합 C 사이의 일대일 대응이 된다.(그림 8-3 참조)

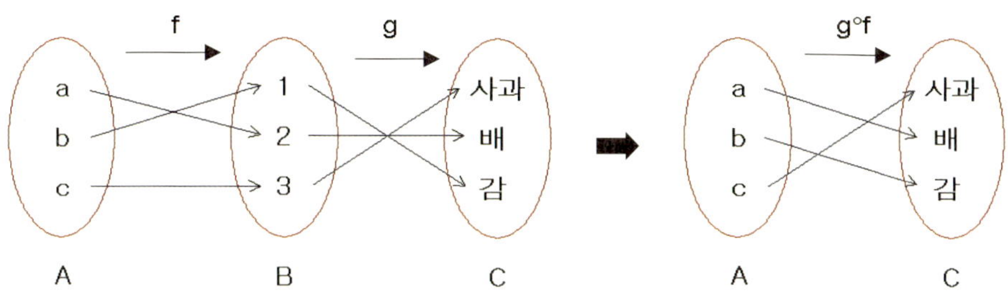

그림 8-3 일대일 대응의 합성

자연수 집합과 대등한 무한집합은 짝수 집합, 홀수 집합, 정수 집합, 유리수 집합 등이 있다. 이 들 사이의 일대일 대응은 여기서는 언급하지 않겠다. 실수 집합은 자연수 집합과 대등하지 않다. 그러나 실수 집합은 그것의 진부분집합인 개구간 (0,1)과 대등하다. 그러므로 실수 집합은 무한 집합이다. 그리고 실수 집합은 자연수 집합을 완전히 포함한다. 여기서 크기(농도)가 다른 무한집합들이 존재함을 안다. 수들의 집합 사이의 크기를 비교하면 다음과 같다. 자연수 집합을 $\mathbb{N}$, 유리수 집합을 $\mathbb{Q}$, 실수 집합을 $\mathbb{R}$, 복소수 집합을 $\mathbb{C}$로 표시하자. 그러면 짝수 집합은 $2\mathbb{N}$ 그리고 홀수 집합은 $2\mathbb{N}-1$로 표시된다.

자연수 집합의 농도(card $\mathbb{N}$) = 유리수 집합의 농도(card $\mathbb{Q}$) 〈 실수 집합의 농도(card $\mathbb{R}$) = 복소수 집합의 농도(card $\mathbb{C}$)

자연수 집합의 농도(card $\mathbb{N}$) = $\aleph_0$(Aleph zero), 실수 집합의 농도(card $\mathbb{R}$) = $\aleph_1$로 표시한다. $\aleph$는 히브리 알파벳의 첫 번째 문자인

Aleph이다.

무한 집합들의 크기 비교에 이용되는 성질을 소개하자. 집합 A의 모든 부분집합들의 집합을 **멱집합** $\wp(A)$이라고 한다.

'어떤 집합이라도 집합의 농도는
그의 멱집합의 농도보다 작지만 같지는 않다.'

그리고 card $\wp(A) = 2^{\text{card } A}$이다.

예를 들면 $A = \{a, b, c\}$이면 $\wp(A) = \{\{a\}, \{b\}, \{c\}, \{a,b\}, \{a,c\}, \{b,c\}, \{a,b,c\}\}$이다. 그러면 card A = 3이므로 card $\wp(A) = 2^{\text{card } A} = 2^3$이다.

이 성질을 이용하면 무한집합의 멱집합의 멱집합, 또 그것의 멱집합, 그것의 멱집합, … 하여 무한히 큰 무한 집합을 만들 수 있다. 그것들의 농도 비교는 다음과 같다.

$$\text{card } A < \text{card } \wp(A) < \text{card } \wp(\wp(A)) < \cdots$$

$$\begin{array}{ccccccccc} \text{card } \mathbb{N} & < & \text{card } \wp(\mathbb{N}) & < & \text{card } \wp(\wp(\mathbb{N})) & < & \text{card } \wp(\wp(\wp(\mathbb{N}))) & < \\ \| & & \| & & \| & & \| & \\ \aleph_0 & < & 2^{\aleph_0} & < & 2^{2^{\aleph_0}} & < & 2^{2^{2^{\aleph_0}}} & < \end{array}$$

참고 card $\wp(\mathbb{N}$= card $\mathbb{R}$, 무한 세계에서 농도가 가장 작은 무한 집합은 자연수 집합이다.

3. 무한 호텔

무한 세계의 호텔은 유한 세계 호텔과 어떤 차이가 있을까? 많은 차이 중에서도 유용한 것이 있다. 투숙 정원이 없다는 것이다. 말 그대로 무한 정 손님을 받을 수 있다. 호텔 앞에 만원(Full)이라는 팻말이 더 이상 필요 없는 곳이 무한 세계이다. 어느 날 오래간만에 마지막 손님이 투숙함으로 모든 객실이 손님들로 가득 찼다. 그런데 한 밤중에 투숙할 객실을 찾는 손님이 왔을 때, 빈 객실이 없는데도 주인은 스스럼없이 투숙할 방을 주겠다고 한다. 그리고는 각 객실의 투숙객들에게 양해를 구해 한 객실씩 옆 객실로 옮기도록 하여 1호실을 새로운 손님께 제공하였다.

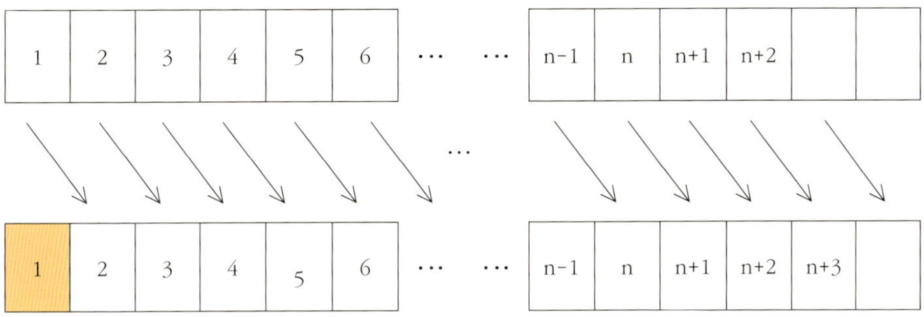

그림 8-4 호텔 호실 변경

그림 8-4에서 위의 객실 집합과 1호실을 제외한 아래 객실 집합 사이에 화살표처럼 대응하는 일대일 대응이 있다. 이 방법이면 1명이 아니라 수만 명 아니 수 무량대수명이 와도 투숙시키는 데는 문제가 없다. 유한 세계에서는 도저히 생각 못할 일이 무한 세계에서는 신기하게도 가능하다. 우리는 짝수 집합, 홀수 집합 그리고 자연수 집합들이 서로 대등임 즉 농도가 같음을 보았다. 그리고 짝수 집합과 홀수 집합을 합치면 자연수 집합이 되므로 $\aleph_0 + \aleph_0 = \aleph_0$

이다. (여기서 $A \cap B = \varnothing$이면 card A + card B=card ($A \cup B$)로 정의된다.) 또한 $\aleph_0 + n = \aleph_0$임은 앞에서 보았다. 무한 세계의 덧셈을 다시 정리하면

2+3+5, 유한 집합의 농도일 때는 유한 세계의 덧셈과 동일하다.

$$\aleph_0+1=\aleph_0$$

$$\aleph_0+2=\aleph_0$$

$$\vdots$$

$$\aleph_0+n=\aleph_0$$

$$\aleph_0+\aleph_0=\aleph_0$$

$$\boxed{2\mathbb{N}} \cup \boxed{2\mathbb{N}-1} = \begin{array}{|c|}\hline 2\mathbb{N} \\ \hline 2\mathbb{N}-1 \\ \hline \end{array}$$

$$\aleph_0 \quad + \quad \aleph_0 \quad = \quad \aleph_0$$

4. 무한의 응용

무한 세계에서는 유한 세계에서 볼 수 없는 것이 많이 있다. 몇 가지 대표적인 것만 소개한다.

우리나라 한반도를 남북으로 갈라놓고 있는 휴전선은 1953년 7월 27일에 성립한 '한국 군사정전에 관한 협정(정전협정)'에 규정된 휴전의 경계선이다. 이것은 남과 북이 61년이 지난 아직도 전쟁 중이며 잠시 휴전한다는 의미를 포함한다. 끔직한 일이다. 여기서 그러한 내용을 다루고자 하는 것이 아니고 남북으로 나누고 있는 휴전선의 길이를 알아보고자 한다.

휴전선은 서쪽으로 예성강과 한강 어귀의 교동도(喬棟島)에서부터 개성 남방의 판문점을 지나 중부의 철원, 금화를 거쳐 동해안 고성의 명호리까지이다. 유한 세계의 관점에서 보면 그 길이는 모두 155마일(약 250km)이다. 이것은 어떻게 측정하여 나온 값일까? 측정 단위는? 만약 100m 단위로 측정할 때는 직선으로 간주하는 것도 1m 단위로 하면 볼록한 곡선이 될 수도 있다. 이렇게 작은 단위로 측정하면 휴전선의 길이는 더 길어질 것이다. 좀 더 정밀하게 단위를 좁혀 간다면 더 길어질 것이다. 만약 무한 세계의 확대경으로 각 지점들을 들여다본다면 어떻게 될까? 그 길이는 무한대가 될 것이다. 휴전선의 길이는 무한대이다. 남과 북의 마음의 거리가 무한히 멀어지지 않기를 바란다. 우리가 어떠한 생각, 어떠한 관점에서 보느냐에 따라 모든 것이 바뀔 수 있다는 것을 기억해 두기 바란다.

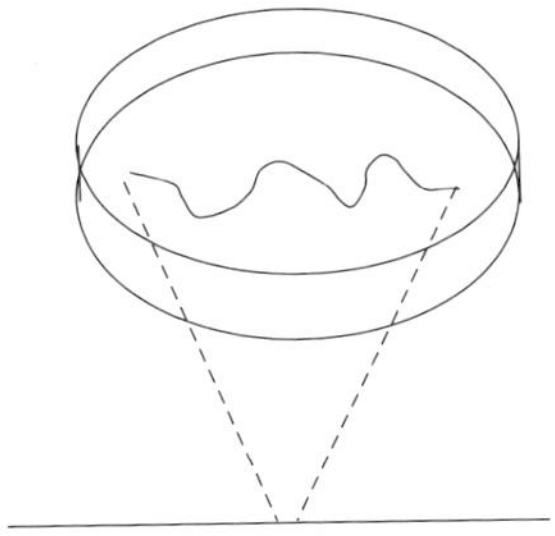

그림 8-5 선의 확대

또 다른 예를 소개한다. 무한히 넓은 평면을 공의 표면으로 표현하는 방법이다. 무한히 넓은 평면을 조그만 공 표면에 담는다는 것이 가능한 것일까? 도저히 불가능하다고 생각된다. 이 속에 유한과 무한의 넘나듦을 알 수 있는 마음의 눈이 있다. 무한히 넓은 평면 위에 공을 놓는다. 그리고 평면과 공이 만나는 점 즉 접점과 공의 꼭대기 점과 선을 긋는다. 그리고 공의 꼭대기 점에서 평면의 임의의 점으로 선을 그으면 그 선은 공의 표면과 한 점에서 만난다. 평면 위에 어떤 점이 접점에서 멀리 있을수록 꼭대기 점과 잇는 선이 공의 표면과 만나는 점은 꼭대기 점에 가까워진다. 이렇게 평면 위의 점과 공의 표면 위의 점을 대응시키면 평면과 공의 표면 사이에 일대일 대응이 된다. 평면의 접점에서 무한히 먼 곳의 점들은 공의 꼭대기로 모두 모인다. 즉 무한을 공의 꼭대기에 모아 한 점으로 만든다. 이처럼 무한조차도 한 점에 불과한 유한한 우리 인생이야 더 논할 필요가 있을까?

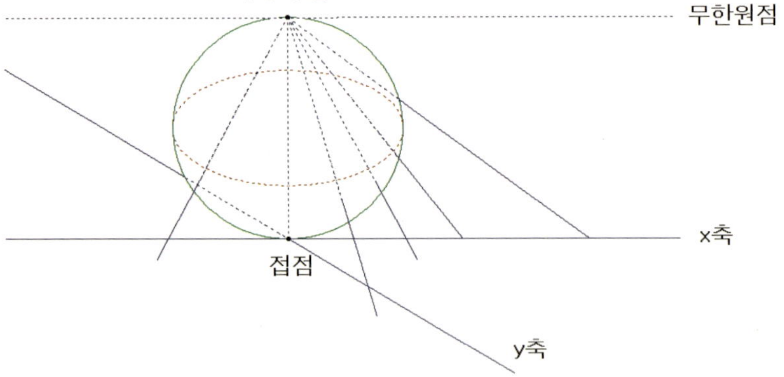

그림 8-6 평면의 점과 공표면 점과 대응

앞에서 큰 수들의 단위를 소개하였다. 1보다 작은 수들인 1/10, 1/100, 1/1000, 1/10000, … 에 대하여 이름이 붙어 있다. 그 이름은 분, 리, 모, 사, … 이다. 별로 쓰이지는 않지만 참고로 소개한다.

분, 리, 모, 사, 홀, 미, 섬, 사, 진, 애, 묘, 막, 모호, 준순, 수유, 순식, 탄지, 찰나, 육덕, 허공, 청정

이다. 이러한 이름은 인도에서 생겨나서 중국을 거쳐 우리나라에 전해진 것으로 이름의 유래는 불교와 밀접한 관계가 있다. '청정'은 나타내는 수의 분모에서 1 다음에 0이 21개 붙는다.

우리는 '찰나'라는 말을 사용한다. 찰나는 소수로는

0.000000000000000001

이고 1찰나는 1/75초이다. 얼마나 짧은 시간인가! 그런데 옛날부터 내려오는 수의 단위를 보면서 과연 일상생활에 사용한 단위였을까? 라는 의문을 가진다. 경제규모나 학문의 정도를 생각하면 그러하지는 않았을 것이다. 큰 수에서 사용하는 단위들 불가사의, 무량대수 등, 작은 수에서

사용하는 단위들 허공, 청정 등은 무한에 비해서는 비교 불가능한 수들의 단위들이지만 그 단위에서 우리 선조들이 주는 메시지가 담겨 있을 것이다. 그것을 통해 종교적이든 아니든 우리는 매사에 욕심을 버리고 자기를 낮추며 겸허하게 사는 것을 배워야 할 것이다.

소수점 아래 단위 이름	소수로 표기
분	0.1
리	0.01
모	0.001
사	0.0001
홀	0.00001
미	0.000001
섬	0.0000001
사	0.00000001
진	0.000000001
애	0.0000000001
묘	0.00000000001
막	0.000000000001
모호	0.0000000000001
준순	0.00000000000001
수유	0.000000000000001
순식	0.0000000000000001
탄지	0.00000000000000001
찰나	0.000000000000000001
육덕	0.0000000000000000001
허공	0.00000000000000000001
청정	0.000000000000000000001

표 8-1 소수점 아래 단위

제 9 장

원주율

제9장

원주율

1. 원주율의 유래

새해의 첫날 우리는 해돋이를 보기 위해 전망 좋은 곳에서 떠오르는 태양을 본다. 또는 저녁에 서쪽 지평선으로 숨어가는 태양을 본다. 그 모습은 완벽한 원으로 보인다. 왜 원일까? 과학적인 이야기를 뒤로하고 이 속에는 신비함을 감추고 있다. 달 역시 그러하다. 앞 절에서 하늘의 별을 신성하고 조화로운 황금비를 내포하고 있는 도형 즉 정오각형의 대각선에 의하여 만들어지는 도형으로 나타내었다. 이처럼 신이 창조한 것들에서 조화와 신성함을 느꼈다. 원과 구도 같은 맥락에서 조화와 신성함을 느끼게 하는 대상일 것이다. 그래서 옛날부터 원과 구를 가장 조화롭고 완벽하며 신성한 도형으로 여겨져 왔다. 많은 학자들이 원과 구에 대하여 찬사를 아끼지 않았다. 그 중에서도 특히 고대 그리스의 대학자인 아리스토텔레스는 원과 구에 대하여 "자연계에서 가장 신성한 도형은 원과 구이다."라고 하였다. 이렇게 옛날부터 관심 대상인 원에 대하여 학자들은 많은 연구를 하였다. 특히 원의 둘레와 면적에 대하여 더욱 그러하였다.

원의 지름과 원둘레의 비 즉 '원둘레/지름'을 **원주율**이라 한다. 이는 원의 크기와 관계없이 항상 일정하다. 원주율을 나타낼 때 우리는 항상

π를 사용하고 있다. 이 π는 '둘레'를 뜻하는 그리스어 '$\pi\varepsilon\rho\iota\mu\varepsilon\tau\rho o\zeta$'의 머리글자로 1706년 영국의 수학자 윌리엄 존슨이 처음 사용하였고, 30년 후에 스위스의 수학자 오일러가 그의 논문 등에 사용하기 시작함으로 널리 알려져 지금까지 사용되고 있다.

원주율은 BC 2,000경 이미 고대 이집트에서 사용되고 있었다. 고대 이집트인들은 아주 단순한 방법으로 원주율을 구하였다.

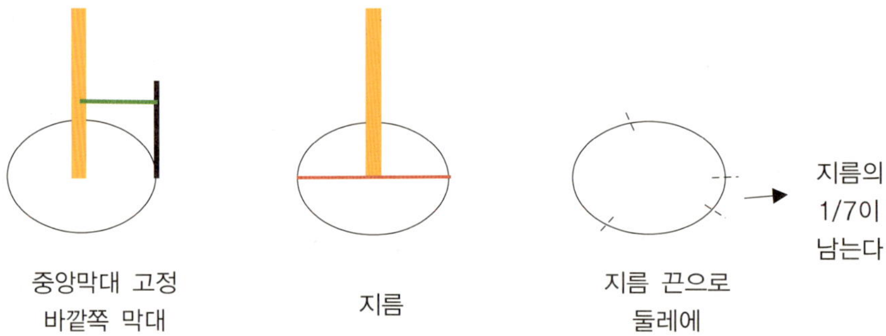

그림 9-1 고대 이집트인의 원둘레 측정

구약성서에도 원주율을 언급하고 있다. 구약성서 열왕기상 7장 23절에 "또 바다를 부어 만들었으니 그 직경이 십 큐빗(cubit)이요. 그 모양이 둥글며 그 높이는 다섯 큐빗이요 주위는 삼십 큐빗 줄을 두를 만하며"라고 적혀 있다. 큐빗은 길이의 단위로 약 50cm이다. 원주가 직경의 3배이므로 여기서 원주율을 3으로 나타내고 있다.

고대 그리스 이전에 원주율과 관련하여 발표된 결과들은 정확하지 않았다. 합리성을 중시 여겼던 고대 그리스 학자들은 정확한 원주율을 구하려고 노력하였다. 여러 방법 중 그리스 수학자인 아르키메데스(BC 286~212)의 방법이 원주율을 구하는 데 가장 큰 기여를 하였다. 이 방법을 **'아르키메데스의 조임법'**이라고 한다. 이것이 논리적 으로 원주율을 구한 최초의 방법이다.

그는 원의 둘레는 내접하는 정n각형의 둘레의 길이보다는 크고 외접하는 정n각형의 둘레의 길이보다는 짧다고 생각하였다. 이것이 조임법의 원리이다.

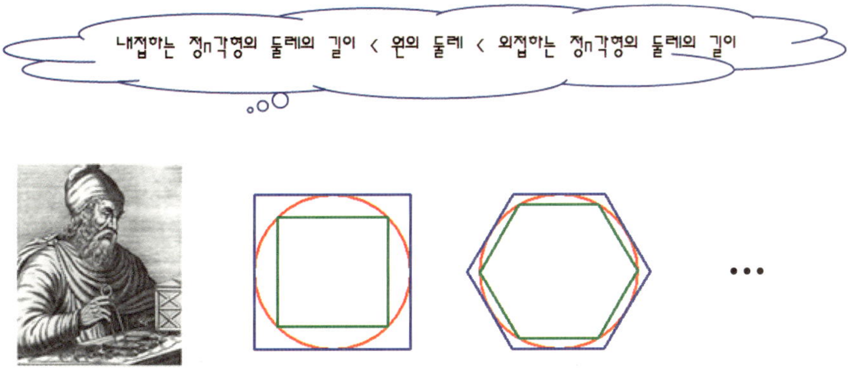

그림 9-2 아르키메데스의 조임법 원리

이 원리를 설명하면 그림 9-3의 왼쪽 도형에서 (호 AB) 〈 (AE 길이 + EB 길이)임을 볼 수 있으므로 (원둘레 〈 외접 정사각형 둘레)이다. 또한 아래 그림 오른쪽에서 (선분 CD의 길이) 〈 (호 CD의 길이)이므로 (내접 정사각형 둘레 〈 원둘레)이다.

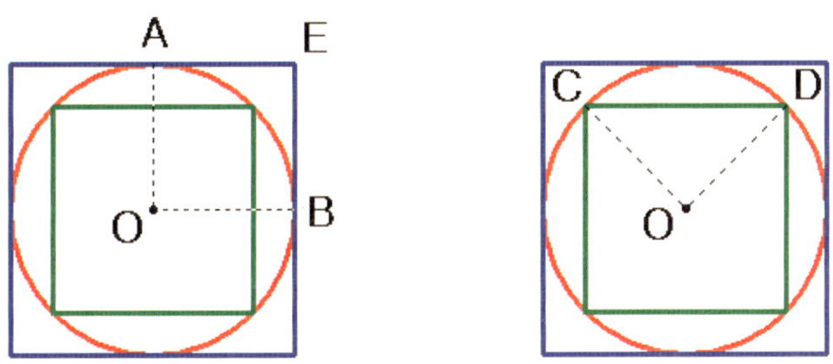

그림 9-3 조임법 원리 분해

그림 9-2를 보면 정사각형의 경우와 정육각형의 경우를 비교할 때 내접하는 정다각형과 외접하는 정다각형 사이의 공간이 정육각형일 때 훨씬 작음을 볼 수 있다. 이와 같이 원에 내접하는 정다각형의 변이 많으면 많

을수록 원에 가까워진다. 또 외접하는 정다각형의 경우도 마찬가지이다. 아르키메데스는 정다각형의 변의 수를 증가시킴으로 좀 더 원에 가까워지도록 기하학적으로 그려 나갔다. 그는 원에 내접하는 정6각형에서 출발하여 각 변을 나누는 수직 이등분선이 원과 만나는 점이 정12각형의 꼭짓점이 된다는 사실을 이용하여 정12각형을 그렸다. 같은 방법으로 하여 정24각형, 정48각형 그리고 정96각형까지 증가시킬 수 있었다. 그가 얻은 결과는 지름이 10m인 원에 내접하는 정96각형의 둘레가 25,3440/8,069 m 이고, 외접하는 정96각형의 둘레가 29,3760/9,347 m이다. 원의 둘레는 10π m이므로, 25,3440/8,069 〈 10π 〈 29,3760/9,347이고 25,344/8,069 〈 π 〈 29,376/9,347이 된다. 이것을 좀 더 간단하게 $3\frac{10}{71} < \pi < 3\frac{1}{7}$라고 하였다. 이것을 소수로 나타내면 $3.140845\cdots < \pi < 3.142857\cdots$ 이다. 아르키메데스는 소수점 2자리까지 정확하게 맞추었다. 이렇게 추정하는 방법을 정다각형의 변의 수를 늘려서 내접하는 정n각형과 외접하는 정n각형이 점점 더 가까워지게 했다고 하여 아르키메데스 조임법이라고 한다.(참조 표 9-1)

그 이후 변의 수를 12,288개까지 증가시켜 원에 내접하는 정12,288각형의 둘레는 주어진 원의 반지름에 6.2831852배 그리고 외접하는 정12,288각형의 둘레는 6.2831854배임을 측정하였다. 그러면 원 둘레는 π ×지름이므로

$$3.1415926 < \pi < 3.1415927$$

이 된다. 소수점 7자리까지 원주율 값과 같아진다.

n	지름 1인 원에 내접하는 정n각형의 둘레	지름 1인 원에 외접하는 정n각형의 둘레
6	3	3.46410
12	3.10583	3.21539
24	3.13263	3.15966
48	3.13935	3.14609
96	3.14090	3.14282

표 9-1　정n각형 둘레

원주율을 정확하게 계산하기 위하여 다양한 방법을 이용한 노력을 꾸준히 하여 왔다. 그 결과를 표 9-2에서 소개한다. 현재 컴퓨터를 이용하여 소수점 아래 수조 자리까지 계산할 수 있다.

참고 우리가 접하는 수는 다음과 같이 구성되어 있다.

수 : 복소수
- 실수
  - 무리수
  - 유리수 – 정수 – 자연수
- 허수

유리수는 (정수)/(정수)로 나타낼 수 있는 수이다. 실수 중에서 유리수가 아닌 수를 무리수라고 한다. 그리고 소수, 분수는 수가 아니고 수를 표현하는 형태이다.

년 도	발 견 자	결 과
150년 경	프톨레마이오스(Claudius Ptolemy)	3.1416
480년 경	중국의 조충지(祖沖之)	$\frac{355}{113}=3.1415929\cdots$
1150년 경	인도 수학자 바스카라(Bháskara)	$\frac{3927}{1250}=3.1416$
1220년	피보나치	$\frac{864}{275}=3.1418\cdots$
1593년	비에트(François Viète)	$3.14159265358979\cdots$
1655년	월리스(John Wallis)	$\frac{\pi}{2}=\frac{2}{1}\times\frac{2}{3}\times\frac{4}{5}\times\frac{6}{5}\times\frac{6}{7}\times\cdots$
1674년	라이프니츠(Leibniz)	$\frac{\pi}{4}=1-\frac{1}{3}+\frac{1}{5}-\frac{1}{7}+\cdots$
1736년	오일러	소수점 아래 100자리까지
1761년	람베르트(J. Heinrich Lambert)	π가 무리수
1882년	린데만(F. Lindemann)	π가 초월수

표 9-2 원주율 발견자와 결과

2. 원주율의 활용

원과 관련된 것들에는 원주율을 활용하는 경우가 많다. 특히 자동차의 주행거리를 구할 때 당연히 원주율이 활용된다. 즉 자동차의 바퀴가 회전하여 자동차가 주행함으로 바퀴의 둘레에 회전 횟수를 곱하면 주행거리가 된다. 다시 말하면 바퀴의 둘레는 원둘레이므로 바퀴의 지름에 원주율을 곱한 것이고 그것에 회전수를 곱한 것이 주행거리이다. 자동차의 속도계를 만들 때에 원주율이 사용된다.

진자의 주기는 다음과 같은 공식으로 알려져 있다.

$$T = 2\pi \times \sqrt{\frac{a}{g}}$$

a : 진자의 실의 길이(진동 축으로부터 추의 무게중심 사이의 거리)

g : 중력가속도

이처럼 주기적인 현상을 다룰 때에 원주율을 포함한다.

파동에너지의 평균 일률은 다음과 같다.

일률 = $2\pi 2 \times$(진폭의 제곱)$\times$(진동수의 제곱)$\times$(파동의 진행속력)$\times$(매질의 밀도)

자연 속에 파동 즉 진동과 관련 있는 것은 모두 원주율과 관련이 있다. 예를 들어 음악, 소리, 빛, 전자기파 등 모든 파동에 원주율을 포함한다. DNA 이중 나선, 무지개, 파동, 항로 등 모든 종류의 과학적 등식을 밝혀내는 것뿐 만 아니라 우리 일상생활 곳곳에 원주율을 이용하여 계산해야 할 것들이 상당히 많다. 그래서 정확한 원주율을 사용해야할 경우가 더 많아 질 것이다. 특히 더 정밀한 것이 요구되는 우주선 등 첨단 과학 산물에는 더욱 그러하다. 정확한 원주율을 사용하지 못하여 큰 사고가 난 예를 소개한다.

한 변의 길이가 1인 정육면체에 내접하는 구가 있다. 구의 가장 큰 둘레(대원)는 지름이 1인 원의 둘레 즉 π이다. 정육면체의 면의 대각선의 길이는 피타고라스 정리를 사용하면 $\sqrt{2}$이다. 그리고 정육면체의 대각선의 길이는 역시 피타고라스 정리를 사용하여 $\sqrt{3}$을 얻는다.

정육면체 면의 대각선과 정육면체의 대각선의 합이 정육면체에 내접하는 구가 정육면체와 접하는 부분 즉 원(대원)의 둘레와 같다고 착각한 것이 참사의 원인이 되었던 것이다. $\sqrt{2} + \sqrt{3} = 3.14626 \cdots$이다. 그러나 대원의 둘레 $\pi = 3.14159 \cdots$이다. 소수점 아래 3째 자리에서 달라진다. 이처럼 원주율의 정확성은 매우 중요하다.

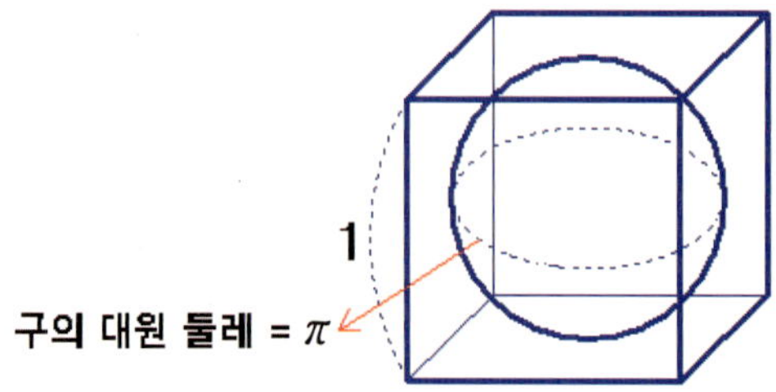

그림 9-4 정육면체와 내접하는 구

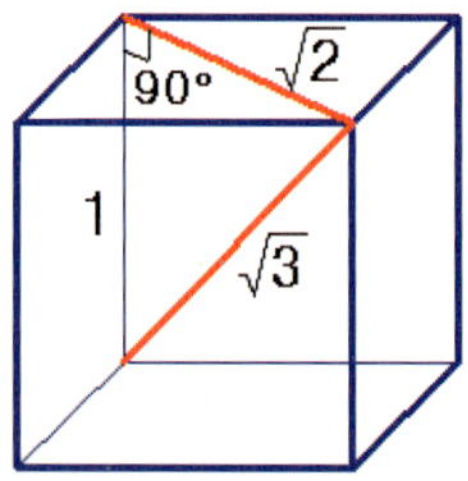

그림 9-5 정육면체 대각선

3. 확률과 원주율

통계에서 **정규분포**를 기억하자. 정규분포는 종 모양으로 생긴 분포이다. 여기서 정규분포를 설명하고자 하는 것은 아니다. 다만 원주율이 원에서 뿐만 아니라 많은 것에서 사용된다는 것을 설명하기 위함이다. 다만 참고하기 바란다. 정규분포의 곡선은 아래와 같은 식의 그래프로 나타난다.

$$\frac{e^{-x^2/2}}{\sqrt{2\pi}},\ e = 2.718\cdots\text{인 자연대수}$$

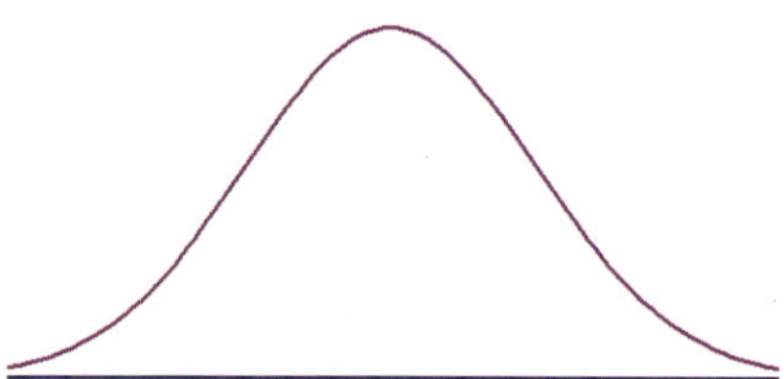

그림 9-6 정규분포 곡선

윷놀이 등에서 각 경우가 나오는 확률이 정규분포를 이룬다는 것은 잘 알려져 있다.

막대기 던지기와 원주율과의 관계를 알아보자. 바닥에 막대기 길이의 2배 폭으로 평행하게 직선 몇 줄을 그어 놓는다. 그리고는 막대기를 반복하여 던져 막대기의 던진 횟수와 막대기가 직선과 물리는 횟수의 비를 구하면 신기하게도 던지는 횟수를 많이 할수록 원주율에 가까워진다. 즉 막대기가 직선에 물릴 확률이 원주율에 근접한다는 것이다. 아래 그림은 막대기를 던졌을 때 떨어진 막대기 모양을 12가지로 나타낸 것이다. 12시 방향부터 차례로 1시 방향, 2시 방향, …, 11시 방향을 나타낸다.

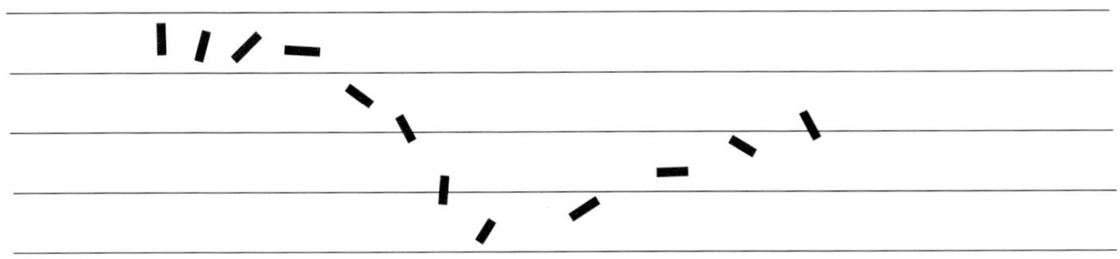

그림 9-7 막대기 방향

막대기를 던져 떨어진 방향이 위의 12가지 경우로 하고 각 경우의 확률은 같다. 즉 1/12이다. 그러면 각 방향에서 막대기가 직선에 물릴 확률을 구해보자. 기본 원리는 그림 9-8과 같이 직선 사이의 폭과 막대기에 의해 만들어지는 삼각형 높이의 비가 그 확률이라고 생각하는 것이다. 예를 들어 12시 방향인 경우로 놓인다면 막대기의 길이가 직선 사이의 폭의 1/2이므로 확률은 1/2이다. 그리고 12시 방향으로 놓일 확률이 1/12이므로 12시 방향에서 선에 물릴 확률은 1/12 × 1/2 = 1/24이다.

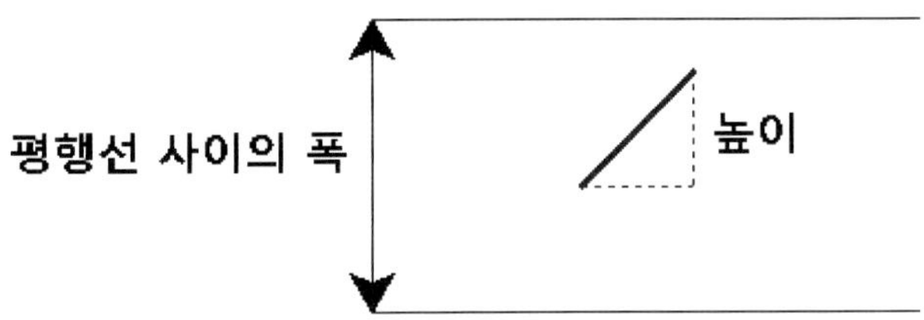

그림 9-8 막대기가 이룬 삼각형

결국 각 경우에 선에 물릴 확률을 구한다는 것은 각 경우에 그림 9-8과 같이 막대기가 이루는 삼각형의 높이를 구하는 것이다. 각 경우를 계산하자.

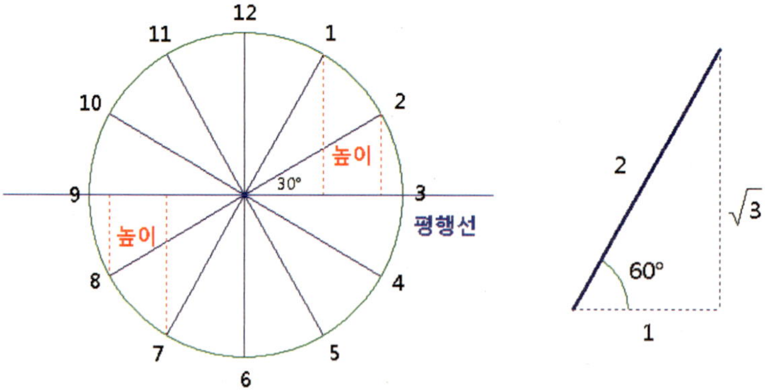

그림 9-9 막대기와 평행선이 이루는 각

1시 방향의 높이는 폭의 $\sqrt{3}/4$이다. 또한 5시, 7시, 11시 방향도 같은 높이를 가진다.(그림 9-9 참조) 그러므로 1시 방향에서 선에 물릴 확률은 $\sqrt{3}/4 \times 1/12 = \sqrt{3}/48$ 이다. 이렇게 구한 결과는 표 9-3과 같다.

방 향	높이(폭에 대한 비)	직선에 물릴 확률
12시, 6시	1/2	1/24
1시, 5시, 7시, 11시	$\sqrt{3}/4$	$\sqrt{3}/48$
2시, 4시, 8시, 10시	1/4	1/48
3시, 9시	0	0

표 9-3 방향에 따른 결과

이제 막대기가 직선에 물릴 확률을 구해보자. 표 9-2에서 각 방향의 직선에 물릴 확률을 모두 합하면 결과가 나온다.

$$1/24 + 1/24 + \sqrt{3}/48 + \sqrt{3}/48 + \sqrt{3}/48 + \sqrt{3}/48 + 1/48 + 1/48 + 1/48 + 1/48 = (8 + 4\sqrt{3})/48 = (2 + \sqrt{3})/12 = 0.311\cdots$$

이 값의 역수 1/0.311…는 원주율에 근사하다. 방향을 세분화 할수록 확률은 원주율에 더욱 가까워진다. 만약 12등분이 아니라 360등분을 한다면 확률은 약 0.31417이 되어 그 역수 1/0.31417은 원주율에 더 근사함을 알 수 있다.

그림 9-10 과녁판

만약 막대기의 길이를 직선 사이의 폭과 같이하면 직선에 물릴 확률은 어떻게 될까? 몬테 카를로 (Monte Carlo) 방법을 이용하여 풀면 그 확률은 $2/\pi$가 된다.

다른 방법으로 원주율을 알아보는 방법을 소개한다. 과녁판으로 정사각형을 놓고 그에 내접하는 원을 그렸다. 그러면 공을 던져 검은 원을 맞출 확률은 얼마일까? 물론 던진 공은 이 정사각형 과녁판을 모두 맞춘다고 가정한다.

그러면 답은 (원의 넓이/정사각형의 넓이)이다. 정사각형의 한 변 길이가 2라고 하면 내접하는 원의 지름은 2가 되고 원의 넓이 공식($\pi\times$(반지름)2=넓이)에 의하여 원의 넓이는 π이고 또한 정사각형의 넓이는 4이다. 그러므로 검은 판을 맞출 확률은 $\pi/4$이다.

공을 100번 던져 검은 판을 맞춘 횟수를 세어보라. 그리고 맞춘 횟수를 던진 횟수로 나누어 4배를 하면 결과가 어떻게 되는지를 보라. 물론 여러 번 시도해 보아야 될 것이다. 그러면 그 값이 원주율에 근사하다는 놀라운 결과를 얻을 것이다. 공을 던지는 횟수를 100번, 1,000번, 10000번 … 증가시키면 그 값은 더욱 원주율에 가까워질 것이다. 물론 이것의 이론적 근거는 앞에서 설명한 공을 던져 검은 판을 맞출 확률이 $\pi/4$라는 것에 있다.

동전을 여러 번 던져(매우 많이 던져야 함) 앞면과 뒷면이 정확하게 똑같이 나올 확률 속에도 원주율 π가 존재한다. 던지는 횟수가 $2n$이고 앞면과 뒷면이 나오는 횟수가 각각 n인 확률은 스털링 공식에 의하여

$1/\sqrt{n\pi}$ 이 된다. 마지막으로 자연세계 속에서 원주율의 근삿값을 찾아보는 방법을 소개한다. 1995년 머피의 법칙을 반증한 것으로 유명한 영국 과학자 로버트 매튜스(Robert Matthews)는 하늘의 별들의 위치를 보고 그 속에서 원주율의 근삿값을 구하였다. 컴퓨터의 난수 발생기를 이용하여 하늘의 별 몇 백 개를 그린 지도를 만들어 임의의 세 개의 별이 이루는 각을 재어 몇 백만 쌍의 수를 만들었다. 컴퓨터를 이용하여 각 쌍의 수들이 공통인수를 가지는 지를 확인한 결과 공통인수를 가질 확률이 1/3.1277라고 계산하였다. 이 또한 원주율과 매우 근사하다.

4. π 데이

우리들은 여러 가지를 기념하기 위한 날을 정하여 즐기고 있다. 여자가 남자에게 사랑을 고백하는 날이라 하여 2월 14일로 정하고 그 날을 밸런타인데이라 하였다. 반대로 남자가 여자에게 사랑을 고백하는 날로 3월 14일을 정하고 화이트데이라 한다. 이 화이트데이는 원래 기념일에 없던 것을 일본의 어떤 제과회사에서 상술에 의하여 만든 날이라고 한다. 이처럼 수학자들은 원주율 π가 3.1415926…임을 기념하기 위하여 3월 14일을 **'파이(π) 데이'**라고 이름 붙였다. 또한 'π-Club'을 조직하여 이 단체에서는 3월 14일 오후 1시 59분 26초에 모여 π모양의 파이를 먹고, π값 외우기, 원과 관련된 놀이기구의 길이, 넓이, 부피 구하기 등의 각종 경기를 하며 이 날을 기념한다.

그림 9-11 π 기념 파이

참고로 각종 기념의 날을 소개한다.

날 짜	명칭	기념 내용
1월 14일	다이어리데이	한해 계획을 세운다
2월 14일	밸런타인데이	여자가 남자에게 사랑을 고백한다.
3월 3일	삼겹살데이	삼겹살 먹는 날
3월 14일	화이트데이	남자가 여자에게 사랑을 고백하는 날
3월 14일	파이데이	파이 먹는 날
4월 14일	블랙데이	연인들을 못 구한 사람들이 짜장면을 먹는 날
5월 2일	오리데이	오리고기 먹는 날
5월 14일	로즈데이	연인들 끼리 장미를 주고받는 날
8월 18일	쌀데이	쌀밥 먹는 날
9월 9일	구구데이	닭고기 먹는 날
10월 10일	초코파이데이	초코파이 선물하기
11월11일	빼빼로데이	우리나라, 1995년
11월의 마지막 목요일인 추수감사절 다음날	검은 금요일 (Black Friday, 블랙 프라이데이)	미국에서 연중 가장 큰 규모의 쇼핑이 행해지는 날

표 9-4 기념의 날 목록

자연 속의 과학 세상

제 10 장

예술 속의 수학

-건축-

제10장

예술 속의 수학
-건축-

BC 1세기경 로마의 건축가인 마르쿠스 비트루비우스 폴리오(Marcus Vitru-vius Pollio)는 고대 그리스 건축으로부터 영향을 받아 그의 저서 "건축십서"(De achitectura)에서 건축에서 규칙적 비례를 강조하였다. 건축십서의 3장에서

> "대칭과 비례 없이는 즉 인간의 몸의 비율처럼 숫자들 사이의 어떤 정확한 관련이 없다면, 어떤 신전의 설계에도 원칙이 있을 수 없다."

고 쓰여 있다.

그는 모든 건축에 있어서 가장 조화로운 비율인 인체의 비율을 따라야 한다고 생각했다. 이 비가 바로 황금비이다.

고대 그리스의 건축물인 파르테논 신전, 이집트의 피라미드, 레오나르도 다빈치의 비너스 조각상 등에서 1.618의 비율인 황금비를 찾아볼 수 있다. 우리나라 건축물 무량수전, 석가탑에도 황금비가 담겨있고, 현대건축물에서도 대표적으로 유엔본부와 생-작크 탑에서 황금비를 볼 수 있다. 여기서 황금비를 사용한 대표적 고대 건축물인 피라미드와 파르테논 신전에 대하여 좀 더 자세히 알아보자.

1. 피라미드

기원전 2826년경부터 기원전 1085년까지 피라미드는 3가지 형식으로 세워졌다. 사카라의 계단형, 다하슈르의 굴절피라미드, 기자의 완전 직선형이다. 이 중 기자 지구의 3대 피라미드 가운데 가장 정교하게 건조된 쿠푸(Khufu) 왕의 제1피라미드에 내포된 기하학적 의미를 알아보자. 이 피라미드는 대 피라미드로 알려져 있으며, 기원전 2575년경에 만들어진 것으로 그 구조에서 황금비와 그 제곱근이 발견되었다. 제1피라미드는 정사각형인 밑면의 한 변이 230.27m이고 당초 높이가 약 146.53m(현재의 높이 137.8m)이다. 그리고 경사각은 51°52′이다.

그림 10-1 대 피라미드

그림 10-2에서 $\triangle EFM$은 직각삼각형이다. 이 삼각형에서 빗변 $\overline{EF}$의 길이를 밑변 $\overline{FM}$의 길이로 나누면 황금비와 비슷한 1.61804이 나온다. 이것은 $1/\cos 51°52'$임을 알 수 있다. 즉 밑변의 길이를 1로 하면 빗변의 길이는 황금비 ϕ가 된다. 또한 피타고라스 정리를 이용하면 높이 $\overline{EM}$의 길이는 $\sqrt{\phi}$이다. 6절에서 소개한 피타고라스 정리는 직각삼각형에서 $(\text{밑변의 길이})^2 + (\text{높이의 길이})^2 = (\text{빗변의 길이})^2$이므로 $\triangle EFM$에서

1+(높이의 길이)^2 = ϕ^2이다. 또한 1절에서 $\phi^2=1+\phi$임을 밝혔다. 그래서 (높이)^2 = ϕ이다. 그러므로 높이 $\overline{EM}$의 길이는 $\sqrt{\phi}$이다(그림 10-2 참조). 또한 높이 $\overline{EM}$의 길이 $\sqrt{\phi}$을 반지름으로 하는 원둘레와 피라미드 밑면의 둘레 ($2\times4=8$)와 같다. 원둘레는 (반지름×2)×π이므로 $2\pi\sqrt{\phi}=8$이다.

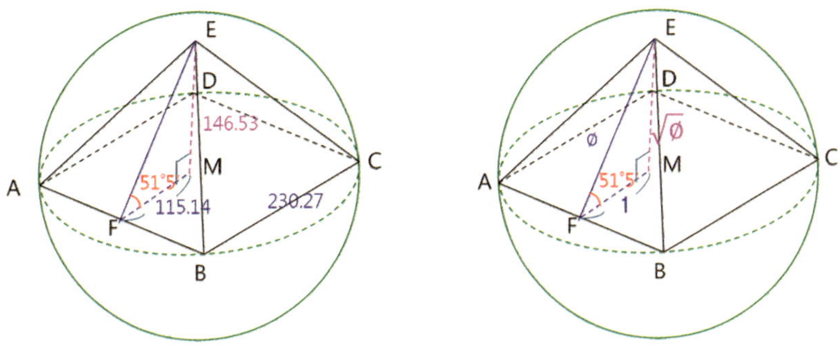

그림 10-2 피라미드 분석과 황금비

대 피라미드는 약 2.5톤의 무게를 가진 바위를 280만개 가량 쌓아 만들어진 불가사의한 건축물이다. 이러한 건축물의 건설과 그 건축 속에 생명의 성장과 특별한 의미가 있는 ϕ를 내포하고 있다는 것은 대 피라미드가 죽음과 내세보다는 다산 및 성장에 더 관련 있을 것 같다.

2. 파르테논 신전

파르테논 신전은 아테네의 고대 유적지인 아크로폴리스(Acropolis)에 위치해 있으며 지금부터 2,460년 전인 기원전 447년에 착공하여 15년만인 기원전 432년에 완공된 고대 그리스의 대표적인 건축물이다. 아테네 수호신인 여신에게 바치기 위하여 지은 신전으로 파르테논(Parthenon)이란 말은 '처녀의 집'이라는 뜻이다.

그림 10-3 파르테논 신전

파르테논 신전에는 건물 곳곳에 황금비가 내포되어 있음으로 조화롭고 아름답게 보인다. 파르테논 신전의 외부 윤곽은 황금직사각형(그림 10-4의 붉은색)으로 이루어져 있고 기둥의 윗부분은 전체 높이를 황금분할(그림 10-4의 초록색)하고 있다. 또 가운데 두 기둥은 신전의 가로 길이를 각각 황금분할(그림 10-4의 파란색)한다.

그림 10-4 파르테논 신전의 황금비

3. 그 외 건축물

그 외 건축물에도 황금비를 이용한 많은 건축물이 있다. 생-작크 탑은 황금분할에 따라 세워졌다. 벽은 손가락을 닮았고, 유리창은 손가락을 거꾸로 한 모양을 닮았다. 그리고 국제연합본부도 대표적인 황금직사각형을 나타내는 건축물이다.

생-작크 탑

국제연합본부

그림 10-5 현대 건축물의 황금비

특히 건축가 주세프 테라니(Giuseppe Terragni, 1904~1943)가 설계한 건축물들에는 황금비를 많이 내포하고 있다. 그는 정사각형, 황금직사각형 및 사각형의 중심 등을 주로 사용하며 대표적 작품들은 그림 10-6과 같다.

카사 델 파쇼의 모형도

카사 델 파쇼

그림 10-6 주세프 테라니의 작품 및 건축물

4. 한국의 옛 건축물

국보 18호인 부석사(浮石寺)의 무량수전(無量壽殿)은 황금비를 이용한 고려시대의 건축물이다. 무량수전은 전면이 9.09m 그리고 옆면이 5.454m로 이루어져 5:3의 비율을 나타내고 있다. 이는 황금비에 매우 근접한 비율이다.

그림 10-7 부석사 무량수전

무량수전은 부석사(浮石寺)의 본전(本殿)으로서 신라 문무왕 676년(신라 문무왕 16)에 의상대사 (義湘大師)가 창건하였다. 그리고 13세기 초 고려시대에 중창하였다.

석가탑은 무영탑으로도 불리며, 건립연대는 불국사가 창건된 통일신라 경덕왕 10년(751)으로 추정된다. 석가탑은 높이가 10.4m이며 2층 기단 위에 3층의 탑신(塔身)을 세우고, 그 위에 상륜부(相輪部)를 조성한 탑이다. 석가탑 안에 내재되어 있는 수학적 성질은 석가탑의 1층부터 8층까지의 비가

그림 10-8 석가탑

$$21 : 13 : 8 : 5 : 3 : 2 : 1 : 1$$

이라는 것이다.

이것은 피보나치수열을 거꾸로 뒤집어 놓은 것을 연비로 나타낸 것이다.

다음은 피타고라스 정리와 관련된 우리의 건축물을 알아보자. 이를 위해 피타고라스 정리와 이보다 먼저 나온 구고현의 정리에 대하여 소개한다.

피타고라스 정리

수를 신성시 했던 피타고라스학파는 각기 다른 성질을 가진 여러 종류의 수를 발견하였다. 형상수, 친화수 그리고 완전수 등이다. 이 중 **형상수**는 일정한 모양을 유지하는 점들의 개수에 의하여 결정되는 수로서 **삼각수, 사각수, 오각수** 등이 있다. 피타고라스정리를 생각하게 한 사각수를 그림으로 소개하면 다음과 같다.

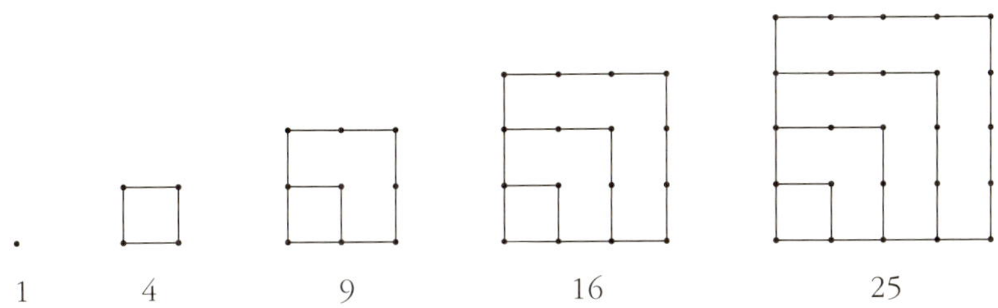

그림 10-9 사각수

그림 10-9와 같이 사각형을 바깥 부분에 점을 추가하면 점의 수가 앞 도형의 점의 수에 3, 5, 7, 9, …… 같이 홀수를 더해 나가는 형태이고 그 결과는 어떤 수의 제곱이 된다. 즉 $1+3=2^2$, $4+5=3^2$, $9+7=4^2$, $16+9=5^2$, ……이다. 식 $n^2+2n+1=(n+1)^2$을 생각하면 앞의 사실이 더욱 명쾌해진다.

$a^2+b^2=c^2$이 되는 경우를 살펴보자. 홀수이면서 어떤 수의 제곱인 수는 홀수의 제곱이다. 그래서 $b^2=2n+1$이 홀수인 경우는 3^2, 5^2, 7^2, 9^2, 11^2, …… 이 되므로 $a^2=n^2$과 $c^2=(n+1)^2$을 찾아보자.

$b^2=3^2$인 경우 $2n+1=9$이므로 $n=4$이다. 그래서 $a=4$, $c=5$이다.

$b^2=5^2$인 경우 $2n+1=25$이므로 $n=12$이다. 따라서 $a=12$, $c=13$을 구할 수 있다.

일반적으로 a와 c는 $a=(b^2+1)/2$, $c=a+1$에서 구할 수 있다. 그러

므로 다음과 같은 관계식을 얻는다.

$$4^2+3^2=5^2,\ 12^2+5^2=13^2,\ 24^2+7^2=25^2,\ 40^2+9^2=41^2,$$

$$60^2+11^2=61^2,\ \cdots\cdots$$

여기서 피타고라스의 정리를 이끌어 내었다는 설이 있다. 또 다른 설은 신전 바닥의 타일의 모양을 보고(그림 10-11) 피타고라스의 정리를 이끌어 내었다는 것이다. 어느 설이던 현재까지 가장 위대하며 중요한 정리가 조그만 관찰에서부터 나왔다는 사실은 우리에게 시사하는 바가 크다.

피타고라스 정리

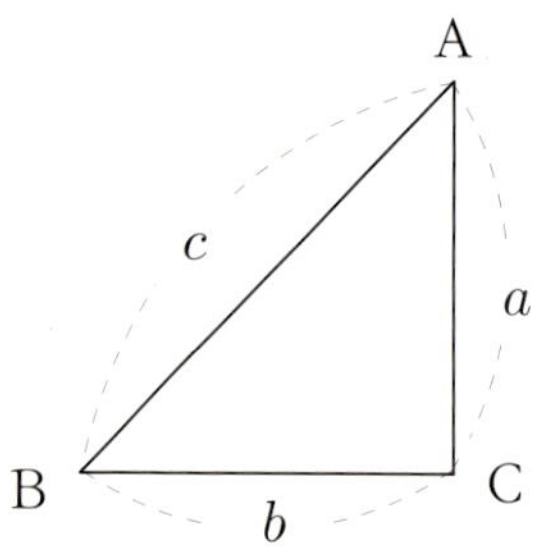

그림 10-10
직각삼각형 ABC

직각삼각형 △ABC에서 빗변 $\overline{AB}$의 길이 c, 밑변 $\overline{BC}$의 길이 b 및 높이 $\overline{AC}$의 길이 a에 관한 관계식

$$a^2+b^2=c^2$$

을 만족한다.

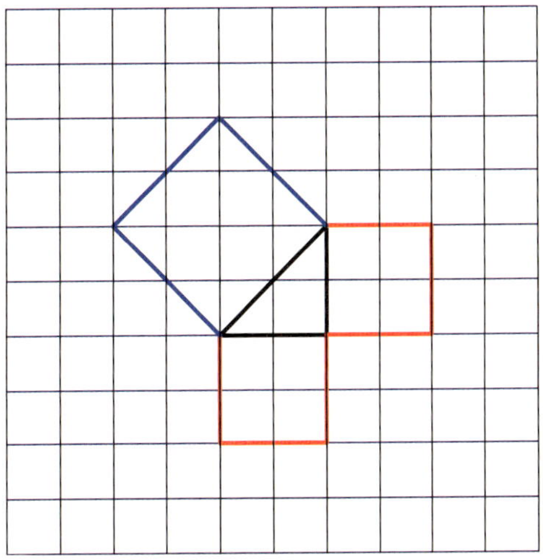

그림 10-11 타일 위의 피타고라스 정리

구고현(句股弦)의 정리

피타고라스가 이 정리를 증명한 것보다 약 500년 전에 중국의 진자가 이 정리를 발견하였다. 그 정리를 '구고현의 정리'라고 한다. 송나라 시대에 출간된 중국의 수학책 주비산경(周髀算經)에서 구고현의 정리가 한 장의 그림으로 소개되고 있다. 주비산경 제1편에는 그림 10-12와 함께 '구를 3, 고를 4라고 할 때 현은 5가 된다.'는 글이 있다.

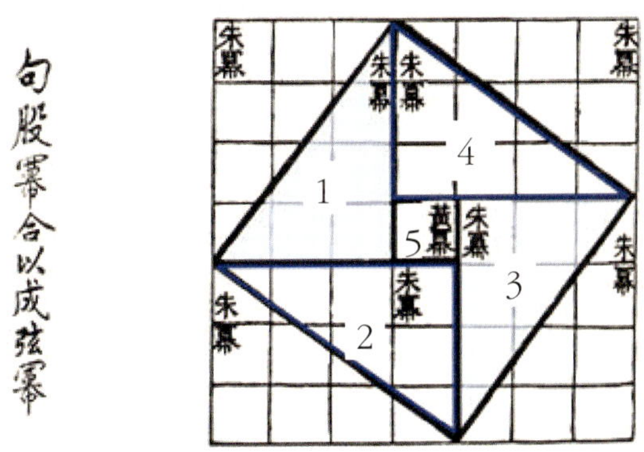

그림 10-12 구고현의 정리

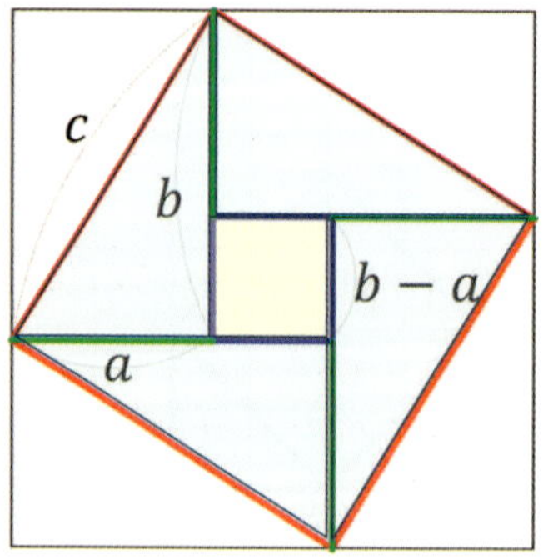

그림 10-13 구고현의 분해

정사각형 내부의 붉은색 정사각형의 넓이는 4개의 직각삼각형 1, 2, 3, 4의 넓이와 작은 정사각형 5의 넓이의 합이다. 직각삼각형 1, 2, 3, 4는 합동이다. 정사각형의 넓이는 c^2이고 직각삼각형의 넓이는 $ab/2$이다. 따라서

$$(ab/2+ab/2+ab/2+ab/2)+(b-a)^2=c^2$$

이다. 여기서

좌변 = $2ab+b^2-2ba+a^2=b^2+a^2$이므로 $b^2+a^2=c^2$을 얻는다.

피타고라스 정리와 관련된 우리의 건축물을 알아보자.

경상북도 경주시에 있는 불국사는 통일신라 경덕왕 10년에 세워진 우리나라의 대표적인 절이다. 건축물 곳곳에 구고현의 정리가 사용되고 있다. 그 중에서 대웅전을 향하는 자하문과 연결된 다리인 백운교는 구고현의 정리가 잘 적용되고 있다. 백운교는 높이 3.15m에 16개 계단으로 이루어져 있고 옆모습이 직각삼각형을 이루고 있으며 그 비가 약 3:4:5로 구고현의 정리를 만족한다.

첨성대(瞻星臺)는 경주시 인왕동에 위치한 신라 중기의 석조 건축물로,

선덕여왕 대에 세워진, 현존하는 동양 최고의 천문대로 알려져 있다. 이것은 높이 9.17m, 밑지름 4.93m, 윗지름 2.85m이고 밑에서부터 4.16m 되는 곳의 남쪽 허리에 한 변이 1m인 정사각형 문이 달려 있다. 이것의 모양은 30cm 높이(전체 돌의 개수는 401개)의 원통형으로 돌 361개 반을 사용하여 상층부과 기단을 제외한 27단을 쌓아 올렸다. 창문에 해당하는 3단을 제외하면 아래 위 12단씩 되어 있고, 각 1년 12달을 의미한다. 또한 돌 361개는 음력 1년 날짜 수를 나타낸다.

그림 10-14 백운교와 첨성대의 비율

첨성대의 기하학적 관점에서 보면 상층부의 대각선의 길이, 기단의 대각선의 길이 및 첨성대의 높이의 비가 3 : 4 : 5로 구고현의 정리(피타고라스 정리)가 성립한다.

금강비(金剛比)

피타고라스 정리를 만족하는 또 다른 비가 고대로부터 내려오고 있었다. 정사각형에서 대각선을 그었을 때 나오는 직각삼각형의 밑변과 높이 그리고 빗변의 비가 $1 : 1 : \sqrt{2}$ 이다. 이때 $1 : \sqrt{2}$ 를 금강비라고 하였다. 이 비는 건축에서 황금비와 더불어 많이 사용되었다. 금강비를 이용한 대표적인 건축물이 석굴암이다.

석굴암은 8세기 중엽인 통일신라 751년(경덕왕 10)에 대상(大相) 김대성(金大城)이 불국사(佛國寺)를 중창(重刱)할 때, 왕명에 따라 착공한 것으로 되어 있다. 즉, 그는 현세(現世)의 부모를 위하여 불국사를 세우는 한편, 전세(前世)의 부모를 위해서는 석굴암을 세웠다는 것이다.

그림 10-15 개축하기 전 석굴암의 전경

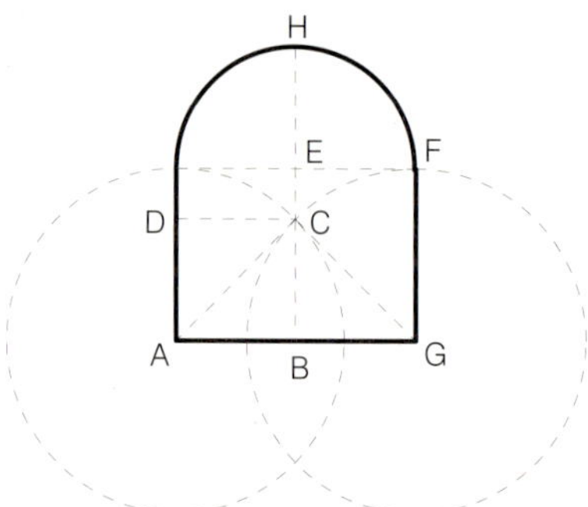

그림 10-16 석굴암의 금강비

그림 10-16에서 점 E는 본존여래좌상의 정수리 부분을 나타내고, 선분 AG는 바닥이다. 선분 EH는 천장 반구의 반지름, 사각형 ABCD는 정사각형이다. 반구의 반지름이 12자이고 바닥에서 본존여래좌상의 정수리까지가 17자이므로 반구의 반지름과 바닥에서 본존여래좌상의 정수리까지 길이의 비가 금강비에 거의 가깝다. 즉 $1 : \sqrt{2}$ 이다.

또한 석굴암에서는 우주와 시간을 상징하는 많은 사실을 찾아볼 수 있다. 그 당시 하루의 시각을 12각(刻)으로 나타내었다. 이것은 석굴암의 반지름을 12자로 한 것과 연관된다. 천장은 전 우주를 상징하기도 한다.

균제 비례

석굴암 조각상 가운데 가장 중심을 이루고 있는 것은 본존여래좌상이다. 이 불상 역시 일정한 비례로서 아름다움을 나타내고 있다.

그림 10-17
석굴암의 본존여래좌상

이 본존 불상은 얼굴의 너비가 2.2자, 가슴 폭은 4.4자, 어깨 폭은 6.6자, 양 무릎의 너비는 8.8자로 이루어져 있다. 그리고 본존여래좌상의 높이가 11자이다. 이는 높이에 대하여 일정한 비를 이루고 있다. 즉 각각은 2/10, 4/10, 6/10, 8/10이다. 그러므로 그들의 비는 1 : 2 : 3 : 4를 이룬다.

제작 당시의 단위로 보면 높이의 1/10은 당시 사용한 단위로 1.1자이다. 여기서 사용의 기준인 1/10은 고대 로마의 건축가 비트루비우스가 쓴 '건축 10서' 3장 신전 건축편에서 인체에 적용되는 비례의 규칙을 신전 건축에 사용해야 한다. 동양이나 서양이나 조화롭고 안정된 것에 대한 생각은 같은 것이라고 생각할 수 있다.

제 11 장

예술 속의 수학

-미술과 음악-

제11장

예술 속의 수학
-미술과 음악-

1. 미술

1) 미술과 황금비

건축에서 보았듯이 신성한 비율은 곳곳에 적용되고 있다. 그리스 시대의 조각에서 완벽한 황금직사각형을 찾아 볼 수 있다. 대표적으로 밀로의 비너스상과 눈이 장식된 컵을 들 수 있다. 밀로의 비너스상은 BC 130~BC 120년경에 만들어진 그리스시대의 대표적 조각상이다. 에게 해의 키클라데스제도 중 하나인 밀로(밀로서 또는 멜로스)섬에서 발견되었다고 밀로의 비너스상이라고 불리어진다. 높이가 2.02m인 비너스상은 허리부분을 중심으로 상하 두 개의 대리석으로 이루어져 있고 그리스 신화의 미의 여신을 형상화한 것이다. 또한 이 상은 배꼽을 중심으로 상반신과 하반신의 비와 무릎을 중심으로 하반신의 비가 황금비를 이루고 있다. 이를 통해 그리스인들이 아름답고 조화로움을 나타 내는 데 황금비를 얼마나 중요시하였는지 알 수 있다. 또한 기원전 6세기 그리스시대의 유물인 눈이 장식된 컵 역시 황금비를 내재하고 있다. 컵의 높이와 잔의 높이의 비가 황금비를 이루고 있으며 컵 안쪽 지름과 손잡이까지의 지름이 그림 11-1과 같은 비를 이루고 있다.

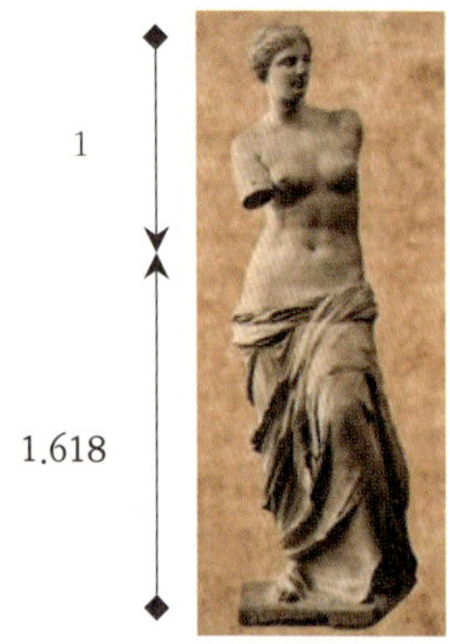

밀로의 비너스상

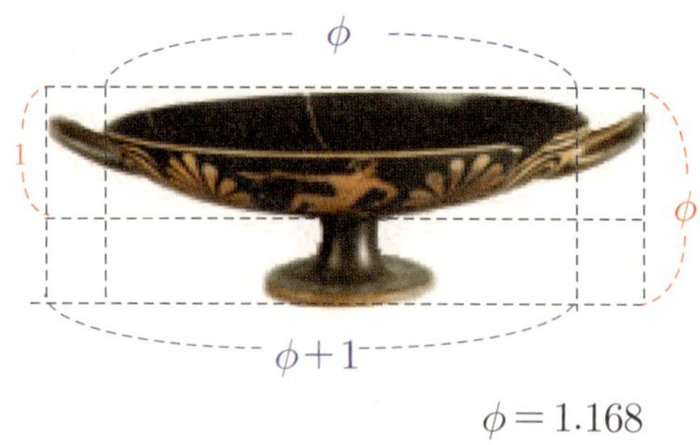

눈이 장식된 컵

그림 11-1 그리스 작품 속의 황금비

그림 11-2
금동미륵보살반가사유상에 내재된 황금비

우리나라 조각상에서도 황금비를 발견할 수 있다. 대표적인 것은 국보 83호인 금동미륵보살반가사유상이다. 금동미륵보살반가사유상의 상체의 길이(그림 11-2의 A)와 바닥에서 오른쪽 다리까지 길이(그림 11-2의 B)의 비는 56.5/34.5 = 1.63…이다. 이 비는 황금비와 가깝다. 그리고 오른쪽 다리에서 어깨까지 길이와 어깨에서 머리끝까지 길이의 비가 34.5/21 = 1.64… 이므로 황금비라고 할 수 있다. 왼쪽 발끝부분에서 오른쪽 얼굴 끝부분까지 가로의 길이(그림 11-2의 C)와 얼굴의 너비(그림 11-2의 D)의 비는 18/13으로 피보나치 비를 나타내고 있다.

중세와 르네상스 시대에 이르기까지 미술가들은 황금비와 황금직사각형에 대하여 심취하였고 그들의 작품에 이들을 적용하였다. 특히 레오나르도 다빈치는 그의 많은 작품에 황금직사각형을 이용하였다. 예를 들면 최후의 만찬, 모나리자, 광야의 성 히에로니무스 등이 있다. 레오나르도 다빈치가 1495년에서 1497년에 걸쳐 그린 최후의 만찬은 밀라노 산타 마리아델 그라체 성당이 소장하고 있으며 이 그림에는 많은 수학적 요소를 포함하고 있다. 예수님을 삼각형으로 나타내고 있으며 열두제자를 3명씩 4그룹으로 나누고 창문을 3개를 그린 것은 그리스도교의 네복음서, 삼위일체를 상징한다고 한다. 최후의 만찬에 그려져 있는 소품들이 황금분할의 기준점이 된다. 식탁 위의접시들은 그림 전체 높이를 황금분할한다. 그림 속에서 황금직사각형을 찾아 볼 수 있다.(그림 11-3 참조)

모나리자

최후의 만찬

광야의 성 히에로니무스

그림 11-3 황금직사각형 적용 그림

인상주의 작가인 조루주 쇠라(Georges Seurat, 1859-1891) 역시 그의 작품들에서 황금직사각형을 적용하고 있다. 그의 1888년 작품인 서커스 사이드쇼(Circus Sideshow)에서 황금직사각형을 찾을 수 있다. 사각형 ABCD, FGHJ, EBIK은 황금직사각형이다. 그리고 GE/EA = EA/FE = ϕ이다.

그림 11-4 조루주 쇠라의 서커스 사이드쇼(Circus Sideshow)

그림 11-5 몬드리안 적, 황, 청의 구성

피에트 몬드리안(Piet Mondrian, 1872~1944)도 황금비와 황금직사각형을 그의 작품에서 이용하였다. 빨간 큰 정사각형의 한 변의 길이와 아래 오른쪽 큰 직사각형의 세로 길이가 황금비를 이룬다. 또한 큰 직사각형과 내부의 작은 직사각형 모두 황금직사각형이다.

2) 미술과 사영기하학

중세시대에는 종교적인 그림이 중심을 이루었다면 르네상스 시대에는 인간 중심의 사상이 주가 되었다. 그래서 동 시대의 화가 레오나르도 다 빈치, 미켈란젤로 등은 자연과 인간의 미를 주로 다루게 되었다. 자연과 인간을 화폭에 담기 위해서 장애물 없이 눈과 대상사이에 그림을 두고 투시하는 그림의 기법이 나오게 되었다. 1663년 데자르그(Gérard Desargues, 1593~1662)는 그의 저서 '투시 화법론(Trait de la Section Perspective)'에서 투시도법의 원리를 설명하였다. 또한 이것은 사영기하학(射影幾何學)을 탄생시키는 동기를 주었다. 재미있는 사실은 유클리드기하학은 철학자인 유클리드가, 사영기하학은 미술가인 데자르그가 만들었다는 것이다.

투시도법(透視圖法, perspective) 또는 **원근법**은 3차원 공간의 대상물을 평면 위에 사실적으로 그려 입체감과 원근감을 나타내는 기법이다. 우리들은 눈을 통하여 사물을 보고 그것을 두뇌 작용에 의해 인식하게 된다. 이 과정에서 사물의 크기가 같은 것도 거리에 비례하여 작게 보이게 된다. 이 화법에는 소멸점 즉 소점이 관찰자의 눈과 정반대 편에 있고, 방향에 수직인 모든 직선은 평행한 것으로 되어 모두 소점에서 만난다. 또한 어떤 방향이든 평행하다고 생각되는 것은 가상의 점에서 만나도록 하고 있다.

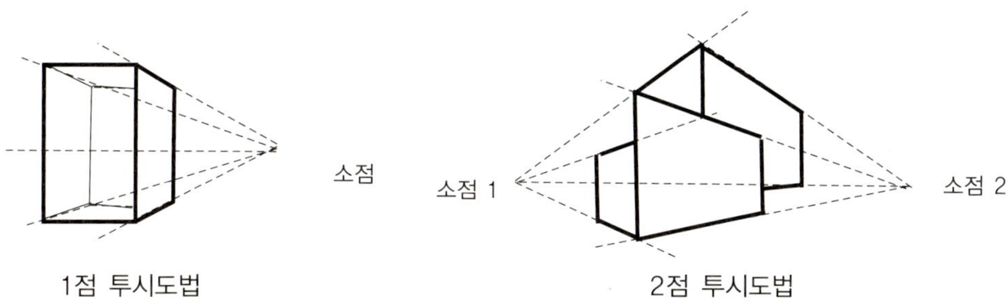

그림 11-6 투시도법

현재에는 소점이 3개가 있는 '3점 투시'와 화면을 완곡시킨 '망막투시(網膜透視)' 등이 시도되고 있다. 알브레히트 뒤러의 저서 측량법의 삽화인 그림 11-7을 설명하면 다음과 같다.

그림 11-7은 14~17세기의 현악기인 류트(Lute)를 투시도법을 이용해 그리는 장면이다. 흰 점선이 시선을 표시하며 시선은 투명한 창을 통해 류트로 이어진다. 우측에 있는 사람이 투명한 창을 통해 보이는 류트의 각 부분을 점으로 표시하여 그것을 이으면 정확한 비례의 그림이 나온다.

그림 11-7 알브레히트 뒤러의 삽화: 원근법을 실험하는 장면

투시도법에 의한 작품들을 살펴보자. 도메니코 베네치아노(Domenico Veneziano)가 1445년에 그린 '수태지고'는 소점을 이용한 투시도법으로 그린 최초의 작품이다. 그림 11-8에서 보면 바라보는 방향에 수직인 것들끼리는 모두 평행하고, 바닥면과 벽면 끝이 모두 소점을 향하고 있음을 볼 수 있다.(그림 흰 선 참조)

그림 11-8 도메니코 베네치아노: 수태지고

투시도법이 잘 적용된 대표적 작품인 레오나드로 다빈치의 최후의 만찬을 보면 소점 1점으로 투시되는 투시도법이 적용되고 있다.

그림 11-9 레오나드로 다빈치 : 최후의 만찬

우리나라의 옛 화가들은 투시원근법을 적용하지 못하여 다른 방법으로 거리감을 표시하였다. 김홍도의 씨름도(그림 11-10)를 보면 거의 평면적으로 보인다. 가까운 사람은 밑으로 멀리 있는 사람은 그림의 윗부분에 배치시켜 놓아 거리감을 나타내고 있다.

김홍도의 씨름도

정선 산수화

그림 11-10 우리나라 옛 회화

정선 산수화에서는 가까이 있는 산은 진하게 멀리 있는 산은 연하게 먹의 농도와 공기의 흐름으로 원근을 표현 할 수 있는 공기원근법을 적용하였다.

화법과 관계없이 김홍도의 씨름도에서는 대각선상의 사람의 수가 10명으로 일치함을 볼 수 있다. 이것은 마방진의 원리를 사용한 것을 보여주고 있다.

3) 마방진

지금부터 4200년 전 중국 하나라 우왕이 홍수를 막기 위해 낙양의 남쪽 황하 지류인 낙수(洛水)에서 물길을 정비하는 중 강 복판에서 큰 거북이가 나타났다. 거북이 등에 있는 무늬를 숫자로 세어 기호로 나타낸 것을 낙서(洛書)라고 하였다. 낙서라고 한 이유는 이것을 낙수에서 얻은 하늘에서 준 글이라고 여겼기 때문이다. 낙서의 숫자들을 자세히 살펴보면 1에서 9까지의 자연수를 중복이나 빠짐이 없이 9 칸에 배열되어 있는데, 가운데에 5가 있고 가로 세로, 대각선 각각의 숫자의 합이 모두 15 임을 알 수 있다. 여기서 15는 1에서 9까지 합이 45이므로 그것을 3으로 나눈 값이다.

4	9	2
3	5	7
8	1	6

표 11-1 3차 마방진

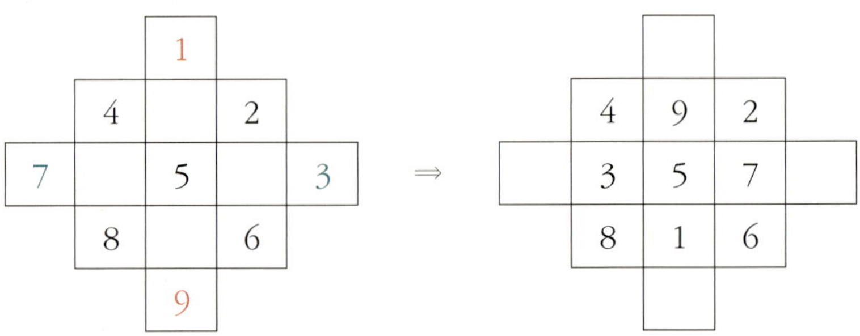

그림 11-11 3차 마방진 만드는 법

1	2	3	4
5	6	7	8
9	10	11	12
13	14	15	16

⇒

16	2	3	13
5	11	10	8
9	7	6	12
4	14	15	1

그림 11-12 4차 마방진 만드는 법

3차와 4차 마방진 만드는 방법은 등차수열을 이용한다.

마방진(Magic square)이란 이름은 한국, 인도, 아라비아를 통해 유럽으로 전해지면서 불리어졌으며 처음에는 숫자가 진을 친 모양이라고 하여 방진(方陣)이라고 불렀다. 700년 전에 4차와 5차 마방진도 만들었다. 마방진은 동서양에서 질병을 퇴치하는 부적으로 많이 사용되기도 하였다.

2. 음악

우리가 듣고 있는 소리는 어떻게 우리에게 전달될까? 현재 알려져 있는 것으로는 기압의 변화에 의하여 만들어지는 공기의 파장이 소리이다. 결국 진동에 의하여 만들어지는 파장이 소리라는 것이다. 이 소리에 대하여 인간은 매우 예민한 감각을 가지고 있다. 자연에서 나오는 소리들에 대하여 공포를 느끼기도 하고 기쁨을 느끼는 등 다양한 감정을 가진다. 그러면 우리들을 감동시키는 아름다운 소리들은 어떻게 만들어지는 것일까? 대장간에서 쇠를 다루는 망치 소리도 아름답게 들릴 때도 있고 불쾌한 소음으로 들릴 때도 있다. 같은 망치 소리임에도 달리 들리는 이유가 무엇일까? 망치로 쇠를 두들기는 소리의 조합에 따라 들리는 정도가 달라진다는 것을 처음 발견한 사람은 피타고라스이다. 피타고라스가 음악에 대한 이론을 처음 만들었다는 기록은 플라톤(Plato, BC 427~BC 348)의 저서 등에서 나온다. 피타고라스 음악 이론인 피타고라스 음계에 대하여 알아보자.

1) 피타고라스 음계

피타고라스는 망치의 무게에 따라 소리가 달라짐을 알게 되었고 이를 근거로 '피타고라스 음계'를 만들었다. 피타고라스가 대장간 옆을 지나는데 듣기 좋은 어울리는 소리가 들려서 알아보았더니 망치의 무게 사이에 6:8:9:12의 정수비가 성립했다는 기록이 있다. 특히 무게가 12:6 즉 비가 2:1인 망치를 같이 치면 소리의 높이만 다를 뿐 같은 음으로 들렸다고 한다. 이는 나아가 현의 길이와 소리와의 관계에 대한 근거를 제공한다.

그림 11-13은 대장간 앞의 피타고라스, 물 컵에 담긴 물의 높이와 소리의 비율, 종의 크기와 소리의 비율, 현의 길이와 소리의 비율, 관의 길이와 소리의 비율 등을 실험하고 있는 피타고라스의 모습을 담은 F. Gafurius(1492)의 목판화이다. 각 그림에서 컵, 종, 현, 플루트에 4,6,8,9,12,16라는 숫자를 표시하여 비교 하였다. 이는 정수의 비가 소리의 높이와 상관관계가 있음을 보여주는 그림이다.

그림 11-13에서 보듯이 피타고라스는 여섯 줄로 이루어진 하프로 음을 연구하였다. 하프 현의 길이가 3/4, 2/3, 1/2배로 짧아지면 음의 진동수는 각각 그것의 역수인 4/3, 3/2, 2/1배로 커진다는 것을 발견하였다. 즉 현의 길이가 짧을수록 진동수가 커지고 진동수가 클수록 높은 음이 남을 발견했다. 이는 음의 높이는 현의 길이에 반비례하고 진동수에 비례한다는 것이다.

그림 11-13 피타고라스의 실험

또한 피타고라스는 두 음의 진동수 비가 3:2일 때 조화로운 소리를 낸다는 것을 알고 이것을 바탕으로 음계를 만들었다. 음계는 기준 음과 진동수 비가 2 : 1 사이에서 만들어졌다. 이의 간격을 한 옥타브라고 한다. 즉 음의 진동수가 원래 음의 2배가 되면 한 옥타브 높은 음으로, 진동수가 1/2배 되면 한 옥타브 낮은 음으로 간주하였다. 조화로운 비 3 : 2를 두 번 곱하면 9 : 4가 되고 이는 2 : 1보다 큰 비이므로 한 옥타브 낮춘 비율인 9 : 8에 해당하는 음정도 조화를 이루는 소리라고 생각하고, 이 또한 기본 구성단위로 생각하였다. 같은 방법으로 3:2를 여러 번 곱하여, 원래 음과 한 옥타브 이내의 음으로 비율 조정을 하여 크기순으로 늘어놓은 것이 이른바 7음계의 효시다. 그것을 알아보면 다음과 같다.

3/2의 거듭곱	$(3/2)^{-1}$	1	3/2	2	$(3/2)^2$	$(3/2)^3$	2^2	$(3/2)^4$	$(3/2)^5$	2^3	$(3/2)^6$
계산	2/3	1		2	9/4	27/8	4	81/16	243/32	8	729/64
옥타브 조정	곱 2				곱 1/2	곱 1/2		곱 1/4	곱 1/4		곱 1/8
진동수 비	4/3		3/2		9/8	27/16		81/64	243/128		729/512

표 11-2 피타고라스 음계 계산

위의 진동수 비를 순서대로 나열하면

1 9/8 81/64 4/3 3/2 27/16 243/128 2

이고, 이름은 'C D E F G A B C''라 하였다. 현재 쓰이는 이름으로 '도 레 미 파 솔 라 시 도'와 같다. 이를 **피타고라스 음계**라고 한다.

동시 또는 잇달아 내는 두 음의 간격을 음정이라 하며 이를 수로 나타내어 1도는 같은 높이의 음들 사이의 간격이다. '파'는 '도'보다 4도 높은 음, 즉 길이가 1인 현이 내는 음을 '도'라고 하면 길이가 3/4(진동수 비 4/3)인 현이 내는 음 '파'는 '도'보다 4도 높은 음이다. '솔'은 '도'보다 5도 높은 음 즉 길이가 2/3(진동수 비 3/2)인 현이 내는 음 '솔'은 '도'보다 5도 높은 음이다. 그리고 현의 길이가 1/2이면 8도 높은 음 즉 1옥타브 높은 음을 낸다. 또한 피타고라스 음계를 진동수 비 4/3과 3/2를 사용하여 나타낼 수 있다.

	현의 길이 비	진동수 비	비교
도	1	1	
레	2/3 × 4/3 = 8/9	9/8	솔에서 4도 낮춤
미	16/27 × 4/3 = 64/81	81/64	라에서 4도 낮춤
파	3/4	4/3	도에서 4도 높임
솔	2/3	3/2	도에서 5도 높임
라	8/9 × 2/3 = 16/27	27/16	레에서 5도 높임
시	64/81 × 2/3 = 128/243	243/128	미에서 5도 높임
도	1/2	2/1	8도(한 옥타브) 높은 도

현의 길이 : 3/4이면 4도 증가, 2/3이면 5도 증가
4/3이면 4도 감소, 3/2이면 5도 감소

표 11-3 피타고라스 조율법 1

표 11-2에서 계산한 피타고라스 음계를 다른 방법으로 만들어 볼 수 있다.(표 11-3 참조)

현의 길이가 3/4이 되어 내는 음은 처음 음보다 4도 높은 음이고 현의 길이가 2/3이면 5도 높은 음을 그리고 1/2이면 8도 높은 음 즉 1옥타브 높은 음을 낸다. 지금의 기타에는 기타 줄의 3/4, 2/3, 1/2, ... 등의 비를 갖는 곳쯤에 지판(指板, fret, 핑거보드 붙여 놓은 금속조각)이 있음을 볼 수 있다. 손가락으로 기타 줄을 눌러 지판에 기타 줄이 닿도록 하여 줄을 튕기면, 순서에 따라 소리가 높아진다. 눌리지 않을 때보다 4도, 5도, 8도(옥타브) 높은 소리가 난다. 그림 11-14의 기타에는 19개의 지판이 있음을 본다. 오른 쪽에서 5번째 지판을 눌러 줄을 튕기면 4도 높은 소리, 7번째 지판을 눌리고 튕기면 5도 높은 음 그리고 12번째 지판을 눌리고 튕기면 한 옥타브 높은 음 즉 2배음을 낸다. 마지막 지판인 19번째 지판을 눌리고 튕기면 두 옥타브 높은 음 즉 3배음을 낸다.

	현의 길이 비	진동수 비	비교
솔 1	2/3 × 2 = 4/3	3/2 × 1/2 = 3/4	솔에서 8도 감소
라			
시			
도	1	1	
레	4/3 × 2/3 = 8/9	9/8	솔1에서 5도 증가
미	32/81 × 2 = 64/81	81/64	미2에서 8도 감소
파	1/2 × 3/2 = 3/4	4/3	도2에서 5도 감소
솔	2/3	3/2	도에서 5도 증가
라	8/9 × 2/3 = 16/27	27/16	레에서 5도 증가
시	64/81 × 2/3 = 128/243	243/128	미에서 5도 증가
도 2	1/2	2	
레 2			
미 2	16/27 × 2/3 = 32/81		라에서 5도 증가

표 11-4 피타고라스 조율법 2

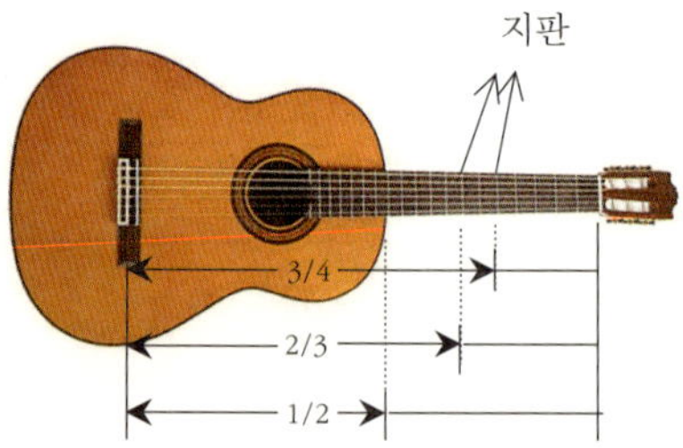

그림 11-14 피타고라스 기타

피타고라스 조율법은 동양에서도 찾아 볼 수 있다. 피타고라스보다 200여년 앞 서 동양에서 조율법의 하나로 '**삼분손익법**(三分損益法)'을 사용하였다. 삼분손익법이란, 삼분손일(三分損一)과 삼분익일(三分益一)을 교대로 반복하여 조율하는 방법이다. 삼분손일은 셋으로 나눈 후 하나를 빼는 것, 즉 전체의 2/3이다. 삼분익일은 셋으로 나눈 후 하나만큼 더하는 것, 즉 전체의 4/3이다. 그러면 삼분익일과 삼분손일을 각각 한 번씩 거치면 역시 8/9의 비율이 되며, 피타고라스의 조율법에서 '레'에 해당하는 진동수 비이다.

피타고라스 음계에서 미와 파 그리고 시와 도 사이를 제외하고는 앞과 뒤 사이의 현의 길이 비가 8/9(진동수 비 9/8)이다. 그리고 미와 파 및 시와 도 사이의 현의 길이 비는 243/256(진동수 비 256/243)이다.

인간의 귀가 들을 수 있는 음정의 차는 한계가 있다. 그 한계 내에서 피타고라스 조율법을 반복 사용하여 음을 세분하면 다음과 같다. 즉 3/2을 거듭 곱하고 옥타브를 조정할 때 진동수 비가 1과 2사이에 오는 음들의 진동수는 다음과 같이 계산된다.

3/2의 거듭곱	$(3/2)^{-6}$	2^{-3}	$(3/2)^{-5}$	$(3/2)^{-4}$	2^{-2}	$(3/2)^{-3}$	$(3/2)^{-2}$	2^{-1}	$(3/2)^{-1}$
계산	64/729	1/8	32/243	16/81	1/4	8/27	4/9	1/2	2/3
옥타브 조정	곱 16		곱 8	곱 8		곱 4	곱 4		곱 2
진동수 비	1024/729		256/243	128/81		32/27	16/9		4/3

3/2의 거듭곱	1	3/2	2	$(3/2)^2$	$(3/2)^3$	2^2	$(3/2)^4$	$(3/2)^5$	2^3	$(3/2)^6$
계산	1		2	9/4	27/8	4	81/16	243/32	8	729/64
옥타브 조정				곱 1/2	곱 1/2		곱 1/4	곱 1/4		곱 1/8
진동수 비		3/2		9/8	27/16		81/64	243/128		729/512

표 11-5 음계 세분화

이것을 크기순으로 나열하면

1, 256/243, **9/8**, 32/27, **81/64**, **4/3**, 1024/729, 729/512, **3/2**, 128/81, **27/16**, 16/9, **243/128**, **2**

이다. 729/512 = 1.4238…와 1024/729 = 1.4046…은 근사함으로 같은

음으로 취급하여 온음 사이에 한음씩 들어가는 새로운 음계를 구성하였다.

1, 256/243, **9/8**, 32/27, **81/64**, **4/3**, 729/512, **3/2**, 128/81, **27/16**, 16/9, **243/128**, **2**

여기서 인접한 두 비율의 음정의 차를 반음이라 부르면, 한 옥타브를 이루는 반음의 개수가 12개이다. 피타고라스 음계를 기타의 지판으로 맞추어 보면 다음과 같다.

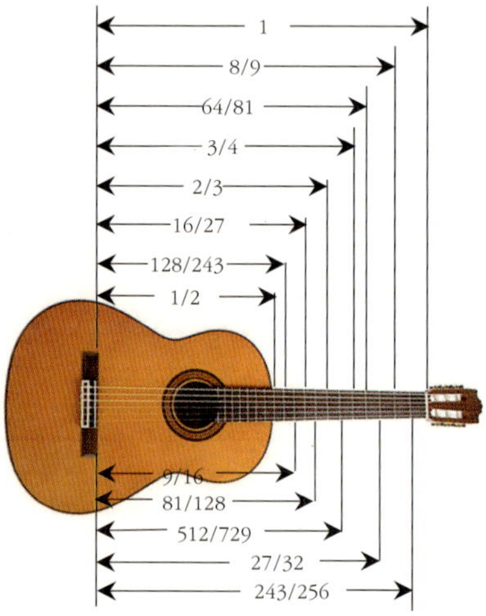

그림 11-15 피타고라스 기타 세분화

2) 피타고라스 조율법의 문제점

피타고라스 조율법에 의한 음계의 진동수 비는

1, 256/243, **9/8**, 32/27, **81/64**, **4/3**, 729/512, **3/2**, 128/81, **27/16**, 16/9, **243/128**, **2**

이다. 이 음계에서 인접한 반음 사이의 진동수 비의 비를 보자. 처음 두 진동수 비의 비는 p = 256/243=1.05349⋯ 이다. 다음 진동수 비의 비는 q = (9/8)/(256/243) = 2187/2048 = 1.06787⋯ 로 p와 다르다.

다른 인접한 반음 사이의 진동수 비의 비를 계산하여 차례로 늘어 쓰면 다음과 같다.

1, 256/243, 9/8, 32/27, 81/64, 4/3, 729/512, 3/2,
p q p q p q p

3/2, 128/81, 27/16, 16/9, 243/128, 2
p q p q p

밑줄 친 7번째와 8번째에서 p가 연속으로 나와 규칙성이 흐트러지고 있다. 이는 협주를 한다거나 조옮김 등을 하려고 할 때 불협화음을 수반한다. 피타고라스 기타에서 6번 현과 5번 현은 개방현일 때 각각 '파'와 '시' 소리를 내도록 조율했다고 하자. 즉, 6번 현의 5번째 지판을 누르고 낸 소리와 5번 현의 개방현이 같은 소리를 내도록 즉 완전4도로 조율했다고 하자는 것이다. 이제 각 현을 한 지판씩 이동하여 6번 현의 6번째 지판과 5번 현의 첫 번째 지판을 짚은 채 소리를 내면 같은 소리가 나지 않는다. 파에서 올림파로는 q배, 시에서 올림도로는 p배가 되기 때문이다. 이처럼 실제 음악 연주를 하기에는 많은 문제점을 보인다.

3) 순정률(純正律)

간단한 정수비로 조율한 것을 **순정률**(pure temperament)이라 한다. 순정률의 시초는 피타고라스 음계이다. 피타고라스 음계는 도와 솔은 어울리는 화음을 들려준다. 다른 도와 미, 도와 라 등은 불협화음을 들려준다. 간단한 정수비가 아니라 복잡한 정수비의 경우는 그러하다. 왜냐하면 간단한 정수비로 맞출수록 일반적으로는 더 편안한 소리로 들리기 때문이다. 그래서 이러한 문제를 해결하여 실용적인 음악에 편리하게 사용하기 위하여 스페인의 수학자 겸 음악 이론가인 라모스(Batolome Ramos de Pareja, 1440~1522)가 고안한 또 다른 순정률인 체계는 다음과 같다.

음 정	도	레	미	파	솔	라	시	도
진동수	1	9/8	5/4	4/3	3/2	5/3	15/8	2
피타고라스 음계에서 진동수	1	9/8	81/64	4/3	3/2	27/16	243/128	2

표 11-6 라모스 체계와 피타고라스 체계 비교

피타고라스 조율법으로 맞춘 3도의 비율 81/64보다 비율 5/4가 오히려 조화롭게 들린다. 이 두 음정의 차이 1/64는 차이가 크므로 피타고라스 음계로는 조화롭게 연주하기가 어렵다. 라모스가 고안한 음계는 3개의 주요 화음인 (도, 미, 솔), (파, 라, 도) 그리고 (솔, 시, 레)의 진동수 비가 4 : 5 : 6가 되도록 조율되어 있다. 이것은 현악기에 많이 사용되었다. 라모스 조율법으로 맞춘 순정률에는 수학적 법칙이 내재되어 있다. 그것은 음정의 합과 진동수 비의 곱이 대응된다는 것이다. 예를 들어 3도 음정과 5도 음정의 합은 7도 음정이다. 그리고 각각 진동수 비의 곱은 5/4 × 3/2 = 15/8이다. 7도 음정의 진동수 비가 15/8이므로 음정의 합과 진동수 비의 곱이 대응된다. 이 성질을 근거로 로그함수를 이용하여 12음계를 구성하였다.

로그함수 : $\log b = a \Leftrightarrow 10^a = b$, 예 $\log 100 = 2 \Leftrightarrow 10^2 = 100$

로그함수 성질 : $\log ab = \log a + \log b$

$\log b/a = \log b - \log a$

앞의 예에 대하여 알아보면

진동수 비의 곱 5/4 × 3/2 = 15/8에서 양변에 log를 취하면

$\log 5/4 \times 3/2 = \underline{\log 5/4 + \log 3/2 = \log 15/8}$ 이 된다.

<u>음정 3도 + 음정 5도 = 음정 7도</u>

밑 줄 친 두 식이 일치함을 볼 수 있다.

1. 8도 - 장 7도 = 단 2도

   2/(15/8) = 16/15 이므로 단 2도의 진동수 비는 16/15이다.

2. 8도 - 장 6도 = 단 3도

   2/(5/3) = 6/5에서 단 3도의 진동수 비는 6/5이다.

3. 2/(3/2) = 4/3이므로 8도 - 완전 5도 = 완전 4도
4. 2/(4/3) = 3/2이므로 8도 - 완전 4도 = 완전 5도
5. 2/(5/4) = 8/5 이므로 8도 - 장 3도 = 단 6도
6. 2/(9/8) = 16/9 이므로 8도 - 장 2도 = 단 7도

음계	완전 1 도	단 2 도	장 2 도	단 3 도	장 3 도	완전 4 도	완전 4 도	단 3 도	장 3 도	단 3 도	장 3 도	완전 8 도
진동수	1	16/15	9/8	6/5	5/4	4/3	3/2	8/5	5/3	16/9	15/8	2

표 11-7 순정률 12계와 진동수

작은 정수들의 비로서 이루어진 이 음계는 아름다운 화음을 들려준다. 이 음계에서 온음 사이의 진동수 비의 비가 10/9와 9/8 두 가지이다. 이 비가 한 가지가 아니므로 조옮김을 할 때 변하는 주파수의 변화를 주어야 한다. 그러나 오르간과 피아노 같은 건반 악기에서는 주파수의 변화를 줄 수 없기 때문에 간격이 일정치 않은 순정률은 건반 악기에 사용할 수 없다. 이러한 문제점을 해결하기 위하여 간격이 일정한 음계를 고안하게 되었다.

4) 평균율

오르간 반주자였던 바흐(J. Bach, 1685~1750)가 반음 사이의 진동수

비의 비가 균일하게 되도록 조율하는 **평균율**을 고안하였다. 평균율은 순정률과 비교하면 화성 구조에 있어서는 완벽하지 못하다. 그러나 평균율은 조옮김을 할 수 없는 건반 악기들과의 합주를 가능하게 하였다.

도에서 시작하여 도로 끝나는 한 옥타브는 시작하는 도에서 반음씩 12번 올라가면 마지막 도가 된다. 한 옥타브가 높은 도는 시작하는 도보다 진동수가 2배이다. 그래서 12개의 균등 비가 되도록 한다는 것은 반음이 올라가면 진동수가 $\sqrt[12]{2}$ 배가 된다는 것이다. 평균율의 음계는 다음과 같이 구성된다.

$1 = \sqrt[12]{2^0}$, $\sqrt[12]{2^1}$, $\sqrt[12]{2^2}$, $\sqrt[12]{2^3}$, $\sqrt[12]{2^4}$, $\sqrt[12]{2^5}$, $\sqrt[12]{2^6}$,
도 올림도 레 올림레 미 파 올림파

$\sqrt[12]{2^7}$, $\sqrt[12]{2^8}$, $\sqrt[12]{2^9}$, $\sqrt[12]{2^{10}}$, $\sqrt[12]{2^{11}}$, $\sqrt[12]{2^{12}} = 2$
솔 올림솔 라 올림솔 시 도

위의 수열을 살펴보면 초항 1 그리고 공비가 $\sqrt[12]{2} \fallingdotseq 1.059$ 인 등비수열임을 볼 수 있다.

평균율과 순정률을 비교하면

완전 4도의 진동수 비는 각각 $\sqrt[12]{2^5} \fallingdotseq 1.3348$과 $4/3 \fallingdotseq 1.3333$ 이고

완전 5도의 진동수 비는 각각 $\sqrt[12]{2^7} \fallingdotseq 1.4983$과 $3/2 \fallingdotseq 1.5$이다.

평균율과 순정률에서 각 음의 진동수 비가 매우 근사하다. 그 오차는 사람의 귀로는 구별하기가 어려움으로 화성의 구성에는 평균율을 사용해서 조율해도 순정률로 조율할 때나 별 차이가 없다.

그래서 현악기나 건반악기 등을 조율할 때 평균율을 사용하게 되고 현재까지 사용되어지고 있다. 평균율이 알려지기 전의 음악을 연주하거나 조옮김이 필요 없는 경우는 순정률을 많이 사용한다. 요사이 전자 산업의 발달로 컴퓨터 프로그램을 이용하여 조옮김이 있더라도 순정률이 사

용될 수 있도록 하는 악기로 **신시사이저**(synthesizer) 등이 만들어졌다. 신시사이저는 전자발진기(電子發振器)를 사용하여 온갖 음을 자유로이 합성할 수 있도록 고안된 악기이다.

바흐는 1722년에 평균율을 이용하여 모든 조로 음악을 만들 수 있음을 보여주는 '평균율 클라비어곡집' 제1권을 작곡하였다. 이 곡은 평균율의 대중화에 기여하였으며 20년 후 '평균율 클라비어곡집' 제2권이 발표되었다. '평균율 클라비어곡집'은 서양 고전 음악의 바이블로 평가 받고 있다.

5) 음악 속의 황금비

많은 음악가들은 음악 작곡에도 황금비를 많이 이용하였다. 그 대표적인 작품들을 소개하겠다.

베토벤의 5번 교향곡 '운명' 1악장은 그림 11-16과 같이 구성되어 있다.

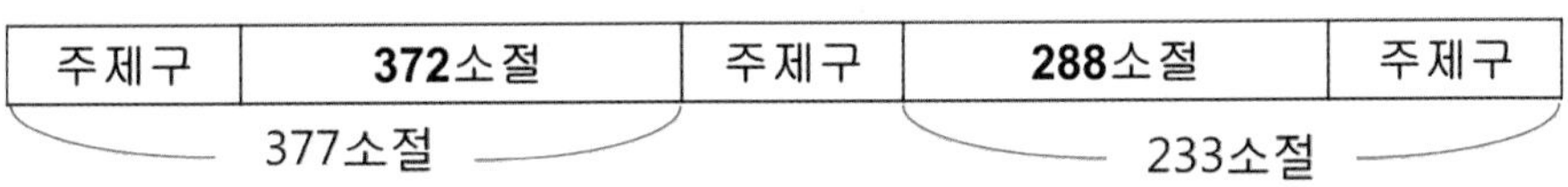

그림 11-16 '운명' 1악장의 구성

중간의 주제구를 중심으로 앞부분과 뒷부분의 비율은 377/233 = 1.618…이 되어 황금비를 이룬다. 또한 주제구를 제외하고 앞 소절과 뒤 소절의 비율은 372/228 = 1.631…이 되어 황금비에 유사하다. 이와 같이 운명 교향곡에 황금비가 내재 되어 있음을 알 수 있다.

또 다른 예로서 헨델의 할렐루야를 들 수 있다. 할렐루야는 57번째와 58번째 소절을 클라이맥스로 하여 총 94소절로 구성되어 있다. 전체 소절에서 클라이맥스가 되는 소절의 비가

57번째 소절 : 94/57 = 1.649…

58번째 소절 : 94/58 = 1.620…

이 되어 황금비에 유사하다. 그러므로 헨델의 할렐루야에도 황금비가 내재되어 있음을 알 수 있다.

벨라 바르톡(Bela Bartok, 1881~1945) 역시 피보나치수열에 따라 음의 조성과 화성체계, 새로운 주제의 도입, 악기의 배치, 음색 변경 등의 시점을 정하였다. 곡의 클라이맥스를 곡 전체의 황금분할 점에 있도록 작곡한 '현악기, 타악기, 첼리스트를 위한 음악'의 1악장은 89소절로 이루어져 있고 55번째 소절이 클라이맥스를 이룬다. 이것들의 비는 89/55 = 1.618…이 되어 황금비를 나타내고 있다. 클라이맥스인 55번째 소절을 기준으로 55번째 소절을 포함한 앞부분은 34소절과 21소절로 구분되고 뒷부분은 13소절과 21소절로 나눈다. 피보나치수열 1, 1, 2, 3, 5, 8, 13, 21, 34, … 의 부분인 13, 21, 34을 적용하여 음의 균형을 맞추었다.

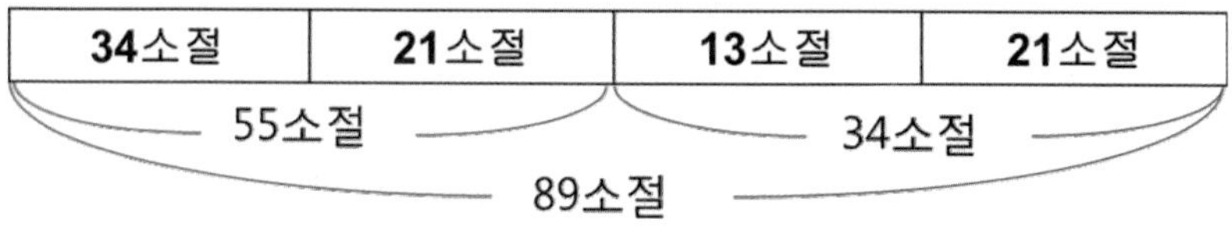

그림 11-17 '현악기, 타악기, 첼리스트를 위한 음악' 1악장의 구성

리듬 결합에서도 황금비를 볼 수 있다. 황금비 1.618…은 3/2, 5/3, 8/5과 유사하다. 3/2, 5/3, 8/5은 바르톡의 리듬 결합에서 찾아볼 수 있다. 예를 들어 4/4박자 한 마디를 8분 음표로 분할하면 일반적으로 2-2-2-2이다. 그러나 바르톡은 황금비의 리듬인 3-2-3, 2-3-3, 3-3-2을 사용하였다.

그림 11-18 바르톡의 음악 리듬

6) 악기 속의 황금비

조화롭고 아름다운 음정의 관계가 황금비와 관련 있음으로 악기를 제작할 때 황금비를 사용하였음은 당연할 것이다. 바이올린이나 플루트를 제작할 때는 더욱 그러하다. 피아노 건반 속에서도 황금비를 찾을 수 있다. 피아노 건반은 한 옥타브 안에 5개의 검은색 건반 그리고 8개의 흰색 건반으로 이루어져 있다.

그 구성은 그림 11-19에서 보듯이 좌측에 검은색 건반 2개, 우측에 검은색 건반 3개, 둘을 합치면 5개, 흰색 건반 8개 그리고 전체 건반 수가 13개이다. 이를 나열하면 2, 3, 5, 8, 13이 되어 피보나치수열을 이룬다.

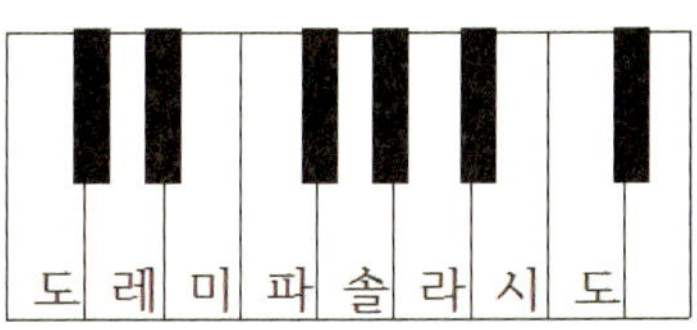

그림 11-19 피아노 건반

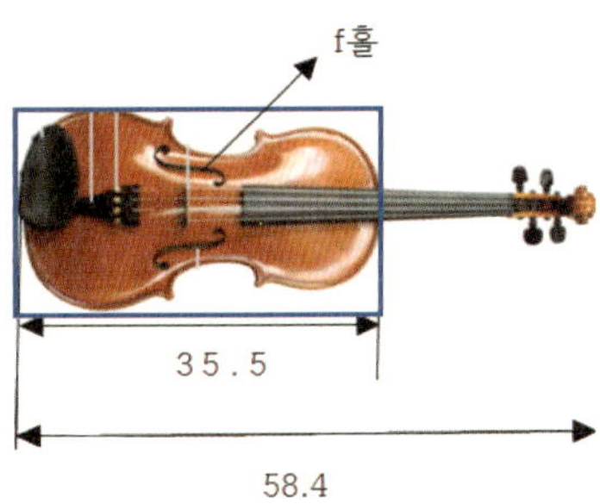

그림 11-20 바이올린

바이올린의 몸통길이 35.5cm이고 전체 길이는 58.4cm이다. 이의 비를 구해 보면 (전체 길이)/(몸통 길이) = 58.4/35.5 ≒ 1.64임으로 황금비를 이룬다고 할 수 있다. 또한 몸통 부분이 황금직사각형을 이룬다. (그림 11-20)

제 12 장

겉과 안이 없는 세상

제12장

겉과 안이 없는 세상

1. 뫼비우스의 띠

초등학교 시절 방학이 되어 외삼촌이 사시는 경남 남지로 놀러 갔다. 외삼촌은 큰 정미소를 운영하고 있었는데, 그 정미소는 나에게 항상 호기심을 불러일으키는 장소였다. 정미소에 있는 대부분의 기계들은 축과 축이 큰 벨트로 연결되어 있어 한 축이 회전하면 그것은 벨트에 의해서 또 다른 축에 전해지고 그 회전에 의해 기계가 동력을 받아 작동하였다. 그 때 신기한 것은 벨트의 모양이었다. 꼬여있는 벨트의 모양! 왜 불안하게 꼬아 놓았을까? 꼬여 있는 모양도 두 종류가 있었다. 외삼촌의 설명으로는 하나는 벨트가 축에서 쉽게 빠지지 않기 위해서이고 다른 하나는 벨트를 오래 사용하기 위해서라는 것이다. 전자의 설명은 쉽게 이해할 수 있었지만 후자의 이유는 오랫동안 모르고 있다가 해답을 얻은 것은 한참 후인 대학시절 수학과에서 위상수학(topology)을 배우면서였다. 바로 겉과 안이 없는 '뫼비우스의 띠'라는 것이다. 겉과 안이 없으므로 모든 면이 안도 되고 겉도 됨으로 마찰에 의해 생기는 벨트의 마모의 정도를 반으로 줄일 수 있다. 즉 꼬아 놓지 않았다면 한쪽 면만 닳게 되는데 꼬아 놓으면 모든 면을 고르게 사용할 수 있어서 벨트의 수명을 두 배로 길게 할 수 있다.

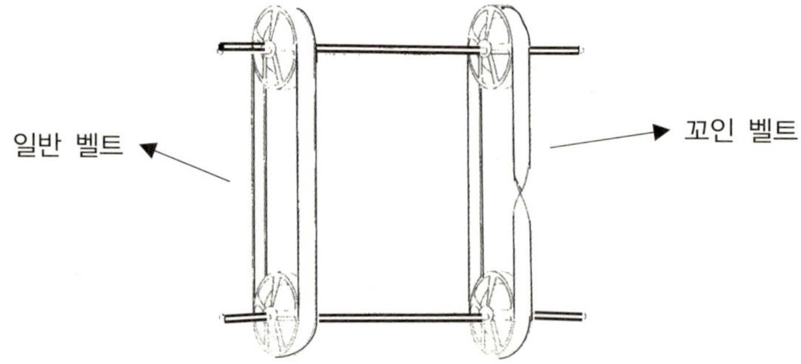

그림 12-1 정미소 벨트

1858년 독일의 천문학자이며 수학자인 뫼비우스(Möbius, August Ferdinand, 1790~1868)가 그의 논문에서 **뫼비우스의 띠**를 처음 소개하였다. 보통 고리는 한 쪽 면에서 출발하여 선을 그으면 같은 면에서만 선이 그어진다. 그러나 뫼비우스의 띠는 고리의 양면 모두 선이 그어진다. 그림 12-2는 네델란드의 판화가 에셔(Maurits Cornelis Escher, 1898~1972)의 1963년 작품으로 뫼비우스의 띠를 잘 설명하고 있다. 개미가 열심히 걸어가면 띠의 모든 면을 갈 수 있다는 것을 보여주고 있다.

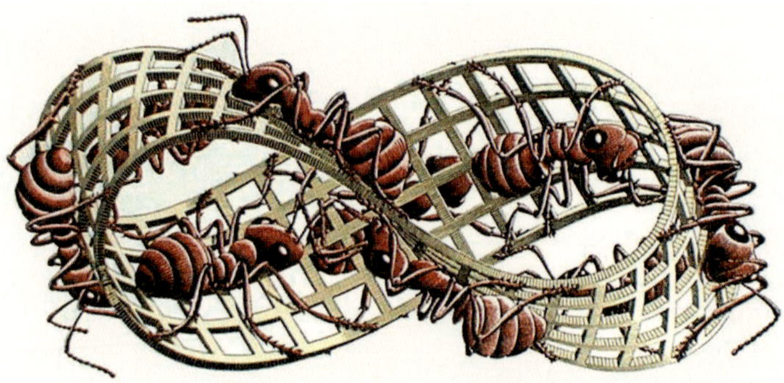

그림 12-2 에셔의 뫼비우스의 띠

이 신기한 띠를 만드는 방법과 몇 가지 성질을 알아보자.

1) 뫼비우스의 띠 성질

뫼비우스의 띠 만드는 법

① 직사각형 모서리에 A, B, C, D를 적는다.

② 직사각형을 비틀어 C를 D에 D를 C에 오게 한다.

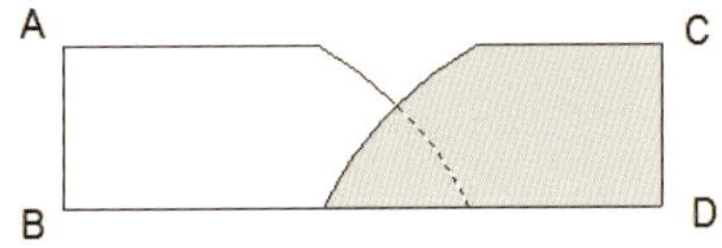

③ A와 C 그리고 C와 D를 붙인다.

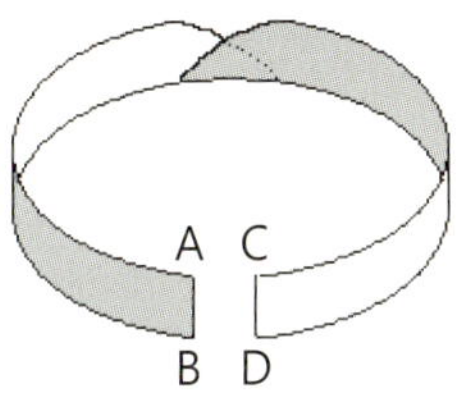

회색부분은 직사각형의 뒷면이다.

④ 만들어진 모양

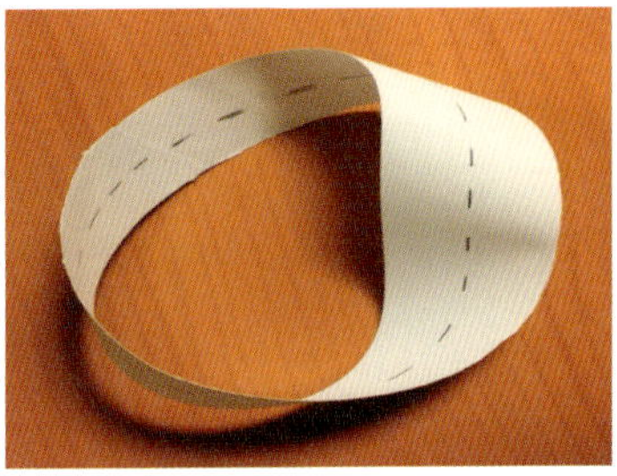

그림 12-3 뫼비우스의 띠

만약 두 번 비틀어 붙인다면 앞면 뒷면이 다시 구분된다. 즉 띠를 따라 돌면 양면을 거치지 않고 한 쪽 면만 돌아 제자리로 돌아온다. 그래서 여러 번 비튼다고 새로운 성질이 나오는 것은 아니다.

뫼비우스의 띠는 보통의 띠와 다른 성질을 가진다. 띠의 중앙을 따라 자르면 보통의 띠는 같은 모양의 두 개의 띠가 생긴다. 그러나 뫼비우스의 띠를 그림 12-3처럼 중앙의 점선을 따라 가위로 자르면 보통 띠와 다르게 2번 꼬인 긴 띠 하나가 생긴다.

그림 12-4 뫼비우스의 띠 중앙을 자른 띠

뫼비우스의 띠 중앙을 3등분하여 자르면 신기하게 긴 띠와 작은 띠가 서로 맞물려 있는 두 개의 띠가 생긴다. 작은 띠는 처음 뫼비우스의 띠와 길이가 동일한 뫼비우스의 띠이고 긴 띠는 두 번 꼬인 띠이다.

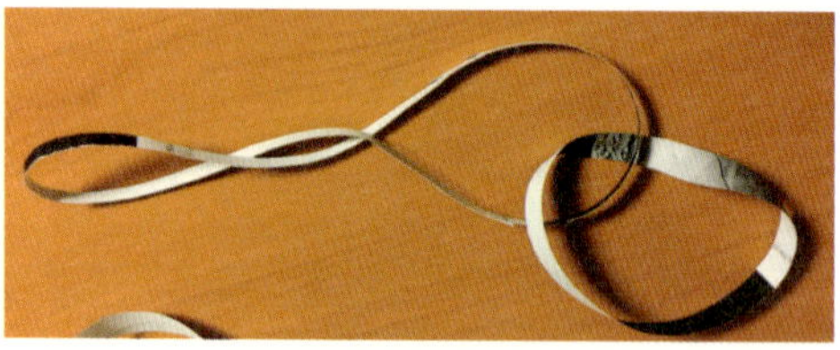

그림 12-5 뫼비우스의 띠 중앙을 삼등분한 모양

2) 뫼비우스의 띠 활용

정미소에서 벨트로 뫼비우스 띠를 이용한다는 것은 앞에서 소개하였다. 이 이외에 활용의 예를 소개한다.

일본 과학자 신이치 세이케가 개발한 반중력장치인 **'세이케장치'**에서 뫼비우스의 띠를 활용하였다. 이 장치는 표면의 시작점이 내면의 끝으로 연결되는 뫼비우스의 띠 형태로 전선을 감은 전자석과 영구자석을 조합해 만들었다. 이 장치에 전원을 연결하면 자체 질량이 감소하면서 반중력 현상이 일어난다.

대형 할인마트에서 계산하기 위해 물건을 올리면 돌아가는 **컨베이어 벨트**에도 뫼비우스의 띠를 활용한다. 뫼비우스의 띠를 이용하면 양면으로 돌아가기 때문에 벨트를 2배 동안 길게 사용할 수 있다.

정미소의 벨트, 수동식 재봉틀의 벨트, 컴퓨터 코드 속 전선, 카세트테이프 등에서 이용된다.

1960년 초 유전인자가 이중나선으로 이루어져 있음을 발견하였다. 이것은 뫼비우스의 띠를 2등분 했을 경우의 모양과 같다는 사실도 그 이후 발견되었다.

문학 작품에서도 뫼비우스의 띠를 이용하고 있다. 조세희 작품인 '난

장이가 쏘아 올린 작은 공' 연작, 첫 번째 작품이 '뫼비우스 띠'이다. 여기서 두 가지 사실을 말해준다. 가해자와 피해자가 없는 세상 그리고 안과 밖의 구분이 없는 뫼비우스의 띠처럼 빈부의 격차 없이 평등하게 살고자 하는 사람들의 희망의 메시지를 받을 수 있다.

그림 12-6
재활용 상징 마크

일상생활에서도 뫼비우스의 띠를 사용한다. 특히 물건의 재활용을 권장하는 상징 마크에도 사용한다. 바로 뫼비우스의 띠가 가지는 성질의 의미를 이 마크에 담고 있는 것이다.

2. 클라인 병

뫼비우스의 띠가 3차원의 안과 겉이 없는 세상의 예라면 4차원에서의 예는 클라인 병이다. **클라인 병**은 독일의 수학자 클라인(Felix Klein, 1849~1925)이 고안한 한 면만 가지는 입체이다.

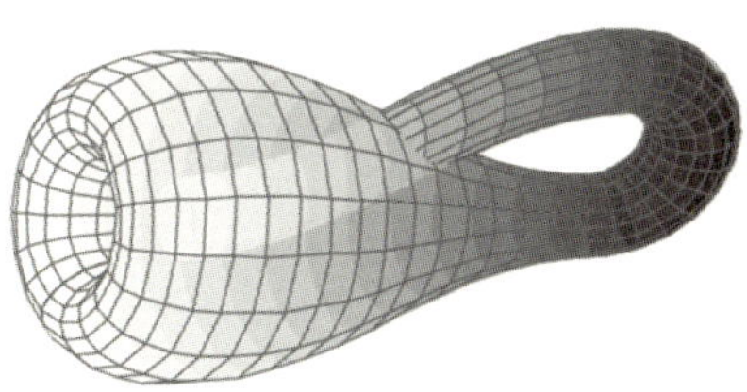

그림 12-7 클라인 병

클라인 병에서는 한 점에서 출발하여 곡면을 관통(사실 관통이라 할 수 없지만)하여 다른 점으로 가고 지난 간 곡면을 다시 통과하지 않아도 출발점으로 되돌아갈 수 있다. 지금 실제로 4차원 공간에서만 존재하는 곡면을 3차원 시각에서 2차원인 평면 위에 나타내려고 한다. 그 만드는 방법을 소개한다.

1. 직사각형 ABCD(얇은 고무판과 같은 것으로 상상한다)의 A와 B, C 와 D를 겹치고 AD, BC를 맞붙여서 밑면과 윗면이 뚫려 있는 원기둥을 만든다.

2. 윗면을 반 꼬임 상태로 옆면을 뚫고 들어가서 밑면에 부친다.

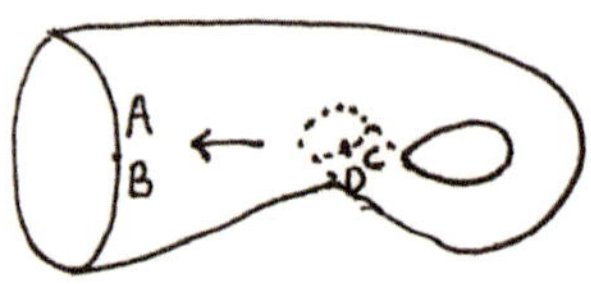

만들어진 클라인 병은 4차원의 도형이 된다. 3차원에서는 옆면을 뚫고 들어가지만 4차원에서는 옆면을 뚫지 않고도 두 면을 붙일 수 있다.

클라인 병의 활용은 아직은 없다. 용기로서 구실을 하지 못하기 때문이다. 즉 안과 바깥이 없으므로 어떤 것도 담을 수 없기 때문이다.

3. 매듭

앞에서 겉과 안이 없는 세상의 3차원과 4차원의 뫼비우스의 띠와 클라인 병을 다루었다. 여기서 1차원에서의 매듭을 다루어 보자.

1) 매듭이론

예로부터 동서양을 막론하고 끈으로 매듭을 만들어 아름다운 장식을 만들거나 밧줄을 매듭으로 묶어 실생활에 사용해 왔고, 그것은 지금까지

계승되고 있다. **매듭**은 매 가닥을 엮어 모은다는 뜻으로 끈목을 사용하여 맺고 엮어 여러 가지 모양을 만드는 수법이나 만들어진 그 형태를 말한다. 우리나라 전통 매듭은 앞과 뒤의 모양이 같고, 중심에서 시작하여 중심에서 끝나며, 좌우대칭의 모양을 갖는 특징이 있다. 그리고 특수한 경우를 제외하고는 거의 두 가닥으로 매듭을 맺는다.

수학에서도 매듭을 다룬다. 수학적인 매듭은 처음과 끝이 연결된 닫혀 있는 곡선이다. 매듭이론은 공간의 성질을 연구하는 위상수학의 한 분야로 간단히 말해 한 공간 안에 다른 공간이 어떻게 들어가 있을 수 있는지를 연구한다. 직관적인 예로 3차원 공간 안에 1차원인 끈이 어떻게 꼬여 있을 수 있는가를 생각할 수 있다.

2) 매듭의 분류

매듭이론에서는 하나의 매듭을 끊지 않고 매끄럽게 움직여서 다른 매듭으로 바꿀 수 있을 때, 같은 종류의 매듭이라고 한다. 매듭이론의 중요한 과제 중 하나가 매듭의 종류를 분류하는 것이다. 매듭을 구분하기 위해 매듭의 모양에 따라 변하지 않는 어떤 수학적인 수가 필요하다. 이것을 매듭의 불변량이라고 하며, 구하는 방법은 교차점의 수, 매듭의 대수적인 구조, 점화식 계산 등 매우 다양하다.

(1) 교차점의 수

먼저 매듭의 종류를 구분하는 기준으로 두 줄이 서로 연결되지 않고 교차하는 '교차점'의 개수를 생각해보자.

교차점이 없는 고리와 같은 모양은 '영매듭' 또는 '풀린매듭'이라 한다. 그림 12-8의 오른쪽을 보면 엇갈린 부분이 있지만 몇 번만 꼬아보면 그림 12-8의 왼쪽처럼 원모양의 고리로 바꿀 수 있다. 어린 시절 하던 실뜨기 놀이를 생각해보자. 하나의 모양을 다른 모양으로 바꿀 수 있지만 수학적으로 볼 때 이는 모두 풀린매듭이다.

그림 12-8 영매듭

그림 12-9는 두 종류의 **'세잎매듭'**을 보여준다. 이 둘은 각각 세 개의 교차점을 갖고 있다. 언 듯 보기에 같은 매듭으로 보이지만 줄을 끊어내지 않고서는 하나를 다른 하나로 변형시킬 수 없으므로 서로 다른 매듭이다. 세잎매듭에는 오직 이 두 가지 형태만 존재하며 세잎클로버 모양으로 서로 거울에 비춘 형태를 이룬다. 교차점 하나를 제거하면 **풀린매듭**으로 변형할 수 있다.

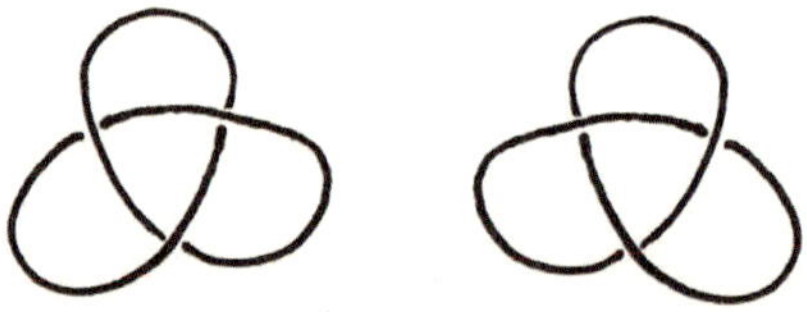

그림 12-9 왼세잎매듭(좌) 오른세잎매듭(우)

그림 12-10은 8자 모양 매듭으로 교차점이 4개인 매듭이다. 이 매듭은 거울에 비치는 모습도 똑같다는 특징을 갖는다.

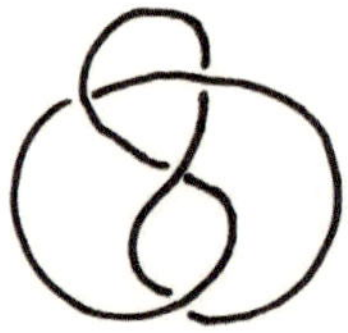

그림 12-10 8자 모양 매듭

교차점이 7개인 매듭은 그림 12-11과 같이 7개뿐이다.

그림 12-11 교차점이 7개인 매듭

1900년경 영국의 수학자 테이트(Tait)와 리틀(Little)은 교차점의 수가 10개 이하인 매듭을 거의 분류해냈다. 교차점의 수가 9개인 매듭은 수십 개, 10개인 매듭이 수백 개가 되어 매듭의 수가 교차점에 따라 기하급수적으로 증가하게 된다. 최근에는 교차점이 16개 이하인 매듭을 1,701,936가지로 구분하고 있다.

(2) 라이데미스터 변형

보통 매듭을 그릴 때 앞의 그림과 같이 평면에 교차점에서 아래 위를 표시한 폐곡선으로 그린다. 이렇게 평면에 그려진 두 매듭이 언제 같아질지 알아내는 방법이 독일의 수학자 라이데미스터(Reidemister)에 의해 알려졌다. 같은 두 매듭은 그림 12-12와 같은 세 가지 종류의 변형에 의해 하나로부터 반드시 다른 하나가 얻어진다. 이 변형을 사용하여 매듭을 구별하는 것은 어렵지만 매듭으로부터 정의된 양이 불변량임을 증명하는데 유용하게 사용된다.

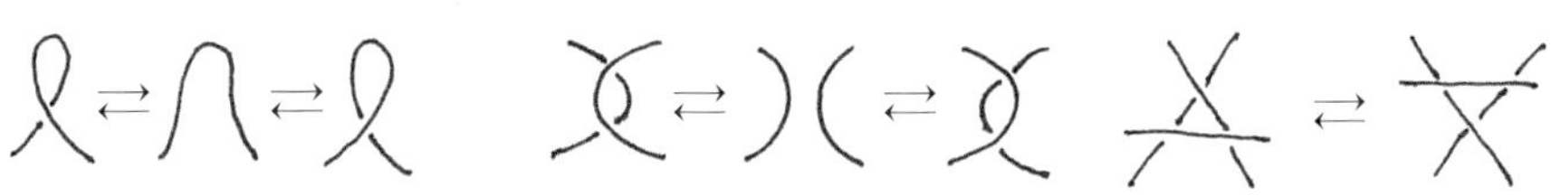

변형1 변형2 변형2

그림 12-12 라이데미스터 변형

변형 1. 꼬인 것을 밀어 넣거나 끄집어내는 것은 그 매듭을 변하지 않게 유지한다.

변형 2. 두 개의 교점을 늘리거나 두 개의 교점을 옮기는 것은 그 매듭을 변하지 않게 유지한다.

변형 3. 교점의 한 방향으로부터 교점의 다른 방향으로 가닥을 미끄러지듯 움직이는 것은 그 매듭을 변하지 않게 유지한다.

(3) 콘웨이 다항식

고리의 불변량을 연구하는 또 다른 방법은 매듭마다 가지는 고유한 다항식을 이용하는 것으로 방향이 주어진 고리에 적당한 다항식을 대응시키는 방법이 있다. 이는 같은 고리가 서로 다른 매듭 그림으로 그려졌을 때 각각에서 구한 다항식들이 같은 다항식이 되게 하는 방법을 연구하는 것이다. 따라서 같은 다항식을 갖는다고 해서 같은 고리인 것은 아니지만 서로 다른 다항식을 갖는 두 고리는 서로 달라진다. 최초의 다항식 불변량은 1928년에 발견된 알렉산더 다항식이다. 1969년 콘웨이는 실타래 이론을 이용하여 알렉산더 다항식을 좀 더 쉽게 계산할 수 있는 방법을 개발하였다.

3) 매듭이론의 적용

매듭이론을 학문으로 시작하게 된 동기는 '분자의 화학적 성질은 이를 구성하는 원자들이 어떻게 꼬여서 매듭을 이루고 있는가에 달려있다'는 켈빈(Kelvin)의 **볼텍스 이론**이다. 이처럼 매듭이론은 시작된 계기에서도 볼 수 있듯이 위상수학 뿐 만 아니라 생물, 물리 등 여러 분야와 깊은 연관을 갖는다.

매듭의 분류는 3·4차원 공간의 분류 및 성질을 연구하는데 있어 중요한 역할을 한다. 그리고 매듭의 연구를 위해 사용되는 대수이론은 물리학의 양자이론을 연구하는데 사용되는 대수이론과 매우 유사하다.

또 매듭이론은 최첨단의 정보기술과 생명공학기술에도 응용되고 있다. 2000년 초반 매듭을 일목요연하게 표현하기 위해 연구된 군대수이론을 이용하여 새로운 암호화 방법이 고안되어 주목을 끈 바 있다. **따임군**(Braid Group) 암호라 불리는 이 암호체계는 우리나라에서 개발된 최초의 독자적 암호 기반기술이다.

매듭이론은 유전자의 기하학적 구조를 연구하는 데에도 이용되고 있는데 DNA, RNA 사슬이 복제되는 과정을 설명한다. DNA는 이중나선으로 되어 있으면서 전체적으로 원 모양을 이룬다. 이때, DNA는 그 자체의 장력으로 인해 원 상태를 유지하지 못하고 휘감겨 꼬여서 뭉치게 되는데, 나선으로 된 전화 수화기 선이 서로 꼬여 뭉쳐있는 것을 연상하면 될 것이다. DNA가 복제를 할 때에는 이중나선이 분리되어야하기 때문에 꼬인 DNA를 풀어야 한다. 이런 역할을 하는 것이 효소이다. 효소는 DNA의 적당한 부분을 끊고 복제가 끝난 후에는 다시 잇는 역할을 한다. 이 과정에서 효소는 최적 지점을 선택하여 최소한의 회수로 꼬인 이중나선을 끊는데, 매듭이론은 이러한 과정을 규명하는데 유용한 정보를 제공한다.

매듭은 과학에서 뿐만 아니라 인류 역사에서 오랫동안 역할을 수행해 왔다. 가장 유명한 매듭은 **고르디온 매듭**일 것이다. 고대 프리지아의 왕 고르디우스는 왕이 된 기념으로 고르디온 내 신전에 수레를 복잡하게 묶어 두고, 이 밧줄의 매듭을 푸는 사람이 동방을 지배한다고 예언하였다. 많은 사람들이 이 매듭을 풀고자 시도하였으나 성공하지 못하였다. 마침 알렉산더 대왕이 원정을 가다가 고르디온에 들려 단칼에 끊어버리는 방법으로 이 매듭을 풀고는 고대 오리엔트를 통일했다고 한다. '고르디온의 매듭' 이야기는 아무리 애를 써도 해결하기 어려운 문제를 의미한다. 또 대담한 행동으로 복잡한 문제를 해결한다는 의미로도 전해진다.

참고문헌

1. 고석구, 수학으로의 여행 첫 번째 마당, 경문사, 2004.
2. _____, 수학으로의 여행 두 번째 마당, 경문사, 2005.
3. 김상룡, 생활과 수학의 만남, 경문사, 2004.
4. 김영희, 류혜원 옮김, 신성 기하학, 열린과학, 2008.
5. 김진호, 김인경, 피보나치 수열과 황금비, 교우사, 2010.
6. 박봉구, 한상언, 박정형, 이영천, 강은주, 백란, 재미있는 수학의 세계, 2000.
7. 박형빈, 수학은 생활이다, 경문사, 1999.
8. _____, 수학은 생활이다, 경문사, 2004.
9. 박영호 옮김, 마법의 수학나라, 맑은소리, 2000.
10. 석기용 옮김, 수학으로 이루어진 세상, 에코리브르, 2003.
11. 유광태 옮김, 수학이 수군수군, 주니어김영사, 2000.
12. 유기조, 수학의 아름다운 형태, 경문사, 2003.
13. 이광연, 신화 속 수학이야기, 경문사, 2005.
14. 이규봉, 김성숙, 김화수, 수학의 산책, 경문사, 2003.
15. _____, _____, _____, 생활 속의 수학, 교우사, 2008.
16. 이만근, 오은영, 흥미있는 수학이야기, 수학사랑, 1999.
17. 이은희, 수학의 산책, 경문사, 2006.
18. 이정자, 생명의 수학적 디자인, (주)북스힐, 2005.

19. 이진경, 수학의 몽상, 푸른숲, 2000.
20. 이충호 옮김, 나머지 반은 어떻게 생각할까?, 경문사, 2003.
21. ＿＿＿＿＿, 자연, 예술, 과학의 수학적 원형, 경문사, 2002.
22. 임선주, 수학이 없는 세상?, 형설출판사, 2013.
23. 전은경 옮김, 신비한 수학탐험, 북로드, 2007.
24. 조윤동 옮김, 무한, 한없이 커져가는 마법의 수, 사람과 책, 2003.
25. 정치봉, 신문기사와 함께하는 수학, 경문사, 2000.
26. 한창우 옮김, 가자! 수의 세계로, 경문사, 2004.

찾아보기

자연 속의 과학세상

초판1쇄 발행 2014년 6월 30일
초판3쇄 발행 2019년 8월 28일

지은이 강영욱 · 임대근 · 류현아
펴낸이 신일희
펴낸곳 계명대학교출판부
출판등록 제347-1998-1호(1970. 9. 1)
주소 대구광역시 달서구 달구벌대로 1095
전화 053) 580-6233
FAX 053) 580-6235

ISBN 978-89-7585-675-4 93410

· 값 15,000원

· 이 도서의 국립중앙도서관 출판예정도서목록(CIP)은 서지정보유통지원시스템 홈페이지(http://seoji.nl.go.kr)와 국가자료공동목록시스템(http://www.nl.go.kr/kolisnet)에서 이용하실 수 있습니다. (CIP제어번호 : CIP2014019624)